U0220444

书房里的意大利面哲学家

男のパスタ道

〔日〕土屋敦 著

卫宫紘 译

ZHEJIANG UNIVERSITY PRESS
浙江大学出版社

目录

书房里的意大利面哲学家

第三章　意大利面条的选择

书房里的意大利面哲学家

书房里的意大利面哲学家

序章

欢迎光临哲学家的意大利面厨房

怎么煮才正确？

想要煮出好吃的意大利面是我写这本书的动机。

我考证了烹煮意大利面的每一个过程，探索最佳的煮法。本书的目的就是经过这些过程的累积，最后完成极致美味的意大利面。

我想最基本的重点是"如何烹煮意大利面"。意大利面和其他意大利料理有许多相似的地方，食谱书籍、杂志和网络上也充斥着各种做法。但是，有的说水煮需要加入大量的盐，有的却说不用；有的说盐要在水开后再加，有的却说一开始就要加；有的说要使用岩盐，有的却说要使用海盐……关于这些相悖的烹煮建议，我们很难判断哪个才正确。

我曾经在日本生活信息网站"All About"（allabout.jp）上，刊登过《煮意大利面不加盐会如何？》这篇文章，点击率非常高，可见许多人都很关心"意大利面和盐"的问题，想要知道正确答案。

"盐可以增加意大利面的弹性"，相信许多人都听过这个说法，理由是"加盐可使水的沸点上升""盐可以强化意大利面的面筋"等，五花八门。但请思考一下：沸点上升几度会影响意大利面？如何影响？面筋有什么样的特性？具体来说面筋是怎么样"被强化"的？很多地方都没有明确的解释。

再更深入探讨，意大利面的"弹性"是指什么样的状态？这些理所当然会产生的疑问一一浮现。可以发现，大多数人都没有严谨定义"弹性"，就直接使用这个词汇。

人们认为什么样的意大利面是美味的？为什么？我想要追溯问题的根本，所以自行调查各种各样的数据，如意大利面条原料小麦的特性、小麦成分的热变性、面条的制作方式等。

书房里的意大利面哲学家

开始执笔本书后，我戏称自己是"厨房里的意大利面哲学家"。我宅在家里阅读各种文献，以这些知识为基础建立假说，然后再到厨房实验、试吃、改善烹调方式，遇到问题就再次翻阅文献，重复持续着这样的过程。

旁人看来，我好像在重复一些没有意义的实验。除了盐量会如何影响面条口感的实验，我们用常温水煮意大利面会如何？用微波炉不行吗？细长状的意大利面条要多长比较容易入口？过去意大利南方平民用手抓食意大利面是什么样的感觉？我尝试了许多意大利面爱好者都不曾尝试的奇异实验。

但这些实验让我获益匪浅。

比方说，我将面条原料——杜兰小麦中分解出的蛋白质和淀粉——分别烹煮，观察会发生什么变化。在这个过程中，我重新严谨地定义"弹性"和"嚼劲"（al dente），体会它们的不同咀嚼感。

虽然仅仅是煮面的动作，但我们也必须以科学的方法去理解。在反复的实验过程中，我发现网络上的记述、意大利面的食谱书以及专业师傅们的解说都有许多错误。这让我重新认识到现今料理界充斥着各种谬论（我自己过去所写的网络文章，也有很多地方需要订正）。

这本书记述了其他"意大利面书籍"没有涉及的观点，特别是书末的蒜辣意大利面食谱，这份食谱是我引以为豪的、全新的内容。

我在本书中巨细无遗地考证了烹煮意大利面的方法，相信能够破除许多不实的谬论。虽然有些也仅是假说，还需要高度精密的仪器和专家来验证，但我想这些假说应该非常接近爱好者经过激烈讨论所得到的最终答案。

然而，实验的地方毕竟是自家的厨房，结果容易受到外在因素影响，而且我是外行人，可能有解释错误的地方。即便如此，我还是不畏惧错误地阐述自己的结论。

专家的论文都是经过其他研究者的一再验证最终才被认可，希望读者们也能帮我验证本书中的实验，如果发现错误的地方，还请不吝赐教。经过这样反复修正食谱，我的意大利面肯定能借由各位爱好者的力量更上一层楼。这正是我所期望的事情。

即使被说啰唆也要坚持实验

"只是煮意大利面而已，没有必要这么啰唆吧？"

读到这里，我想有些人会产生这样的想法。

事实上，周围有许多受不了我的人："还要煮意大利面！别开玩笑了！"这其中有拒绝的友人，也有婉拒帮忙的人。厨房被我占用，明明喜爱和食却被迫一直吃意大利面的内人也不例外。

其实我不是不能理解他们的感受，那些煸炒大蒜油的试喝实验、试吃辣椒皮和种子的行为等根本就是自虐。我也曾经因此身体不适，短时间卧床不起。但即便如此，我还是尽力探索应该选用什么品种的油，应该如何处理辣椒的问题。

"这不是差不多吗？"

我总觉得这听起来像料理爱好者平野丽美[1]的声音（我曾经为了取材而拜访丽美小姐的家，这让我相当自豪。平野女士简单却好吃的食谱、明朗的氛围以及对料理的坚持，还有表里如一、落落大方的性格，真的让我深感敬佩）。

"的确，可能都差不多……"

但是，坚决不轻易苟同才是奋勇向前的哲学家该有的品质。不对，不如说是自虐的性格使然，希望能得到敬爱的平野女士说一句"你真笨啊！"，所以我才会如此孤傲地坚持。

因为这样，我一边翻查手边的高中教科书，一边和淀粉、脂肪酸等分子式战斗（本书有相关内容，但不用担心，这些是连我都能理解的内容），也调查了意大利面和橄榄油的构造、成分，还有人类感受味道时细胞内部的情形。除此之外，我还学习了有关意大利面的生产方式、历史演变、当地文化等知识。

如同前述，也许我的做法显得有些滑稽，但就像书名"厨房里的意大利面哲学家"一样，我对此感到自豪。

本书所讨论的意大利面只有蒜辣意大利面这一道料理。这道料理可以说是烹饪意大利面的基础，若能够完全掌握，读者便能理解意大利料理的精神，学到所有意大利料理的美味基础。就这层意义来说，本书是"意大利面的入门书籍"。

1　平野レミ，日本知名料理节目主持人。

追求食材原点的减法料理

我们所熟悉的意大利面料理——"蒜辣意大利面"，正式名称用意大利语写作"spaghetti aglio, olio e peperoncino"，也就是放入大蒜（aglio）、油（oilo）和辣椒（peperoncino）的意大利面（spaghetti）。

在日语中，这道料理则写作"アーリオ·オリオ"（aglio, oilo），或是"ペペロンチーノ"（peperoncino 的复数形式）。

意大利料理的名称有些是从职业名而来的，像是炭烧风味（Carbonara[1]）、烟花女风味（Puttanesca）、猎人风味（Cacciatora）；也有许多能够感受到地方乡土味，像是博洛尼亚风味（Bolognese，意大利的城镇）、阿马特里切风味（Amatriciana，意大利的城镇）。

和这些名称相比，"spaghetti aglio, olio e peperoncino"只是食材名的排列组合，是非常简单的命名。然而，就是这种简单才更能体现蒜辣意大利面的特性。

将煮好的意大利面，放入大蒜、辣椒，再淋上酱汁，只用盐，我们就能够在短时间内完成这道料理。因为就是这么简单，所以在意大利，蒜辣意大利面与其说是餐厅料理，不如说是家常菜。

1　使用许多黑胡椒，外观像沾上了煤炭。

　　然而，这道料理看似简单却蕴藏着深奥的学问。意大利面条要怎么选择？水量、盐量要怎么拿捏？大蒜要切片还是压碎？要选用哪个产地的辣椒？要使用什么样的锅具？要煮几分钟？……这些微小的差异都会直接影响这道料理的味道。

　　蒜辣意大利面和其他意大利料理有着很大的不同，那就是不会使用奶酪、鳀鱼酱、奶油等味道浓郁的食材调味。因为不依赖这些添加物，所以味道没有办法含糊带过，连面条中的小麦味道的差异都很明显。这是一道能完全体现食材原本风味的料理。

　　实际上，在平价的连锁餐厅里，菜单上几乎不会有简单的蒜辣意大利面。这大概是市场营销的考虑，因为一般餐厅使用的是廉价食材，会避免这种凸显食材原味的料理。

　　将食材种类减到最少是为了追求味道的极致。也就是说，这是一道"减法料理"，我还因此特别去了解荞麦面条的做法。这本书可以说是梦寐以求的"蒜辣意大利面指南"。

蒜辣意大利面是料理的入门

　　虽然说蒜辣意大利面是意大利面的精髓，但其实它的门槛不高，所以非常适合作为意大利面的入门。

　　第一，它使用的食材大多能简单购得，而且不易腐坏，能够事先购置。我们随意做这道料理也很好吃，而且步骤少、不容易失败，适合初学者尝试。

第二，制作时间不长，加上不必使用难以入手的高级食材，所以即便失败也能马上再次挑战。初学者经过不断摸索尝试，最后肯定能够掌握美味的诀窍。

若是做一道包含 30 种调味料且需烹煮 5 小时的羔羊小腿肉料理，我们需要花费大量的时间、金钱，这样肯定没有办法体会"追求原味"的乐趣所在。

对我来说，蒜辣意大利面是料理人生的开始。在一个人住的学生时代，我最常做的就是这道料理，因为不用去超市购买生鲜品，利用家里的常备食材即可，而且想做的时候就能轻松做。

这道料理的门槛不高，一开始我还很犹豫要不要尝试，但试着做几次后便发现，使用质量更好的食材，改变料理的方式，美味的程度可是和之前煮的天差地别。从那之后，我就深深为蒜辣意大利面着迷。

最初我是从改变面条的品牌开始的。过去我是贫穷的夜猫子学生，所以总是选最便宜的，或是便利店卖的品牌，直到我使用意大利品牌得科（De Cecco）的细长状意大利面（Spaghetti），意外发现它有着日本国产面所没有的独特香味和口感。后来又尝试使用过在意大利非常畅销的品牌百味来（Barilla）的细长状意大利面。我发现不同品牌的面条味道有所不同，所以后来不论是多小的牌子，我都会买回家尝试。20年前，也就是 20 世纪 90 年代的时候，日本进口的原产意大利面急剧增加，虽然没有像现在这样品牌繁多，但大家稍微找一下还是能买到不同品牌的面条。当时，许多爱好者已在网络上展开激烈的争论，讨论哪家的意大利面条好吃。

比如说面条的粗细，从直径 2 毫米以上的粗面条到 1.2 毫米左右的细面条，我都比较过，连橄榄油我也多方面尝试过。

达到这样的程度以后，单是更换不同品牌的面条已经没有办法满足我。水量、盐量、火候、烹煮时间等都会有影响。我开始改变制作方式，就是为了找出让意大利面更好吃的方法。现在回头想想，很多都是没有科学根据的、无厘头的摸索尝试。与其说我是为了做出更好吃的意大利面，不如说是在享受尝试的过程。

让我体验到料理的乐趣所在，并且决定以此为职业的契机，可以说就是制作蒜辣意大利面。也许，就是因为它简单轻松的做法和多方尝试的乐趣，我才能有今天的成绩。

世界最长的食谱

我经常在参加饮酒会之后感到微饿时做蒜辣意大利面（许多日本人在饮酒会结束之后顺道吃碗拉面，我就是在那样的微饿感觉下烹煮蒜辣意大利面的），还有请朋友到家里喝一杯的时候，都是做蒜辣意大利面的好时机。据说在意大利都市，很多人也有这样的饮食习惯。

大学时期一个人生活，碰到去上课或是打工时间来不及，我会赶紧做道蒜辣意大利面，匆忙解决一餐。或是像现在，在深夜的酒吧里突然嘴馋，我就会请店员帮我做道蒜辣意大利面。

就某方面来说，我对蒜辣意大利面的印象离不开兴奋、喧闹和匆忙。大蒜的味道配上辣椒的辣味，更是加深了"使情绪亢奋的刺激性意大利面"这个印象。我想大部分人都会认同，蒜辣意大利面并不适合在悠闲的假日，在乡间大自然的包围下悠然品尝，它不属于带给人治愈感觉的料理。就这点来说，它的味道也许可以说是都市风格吧。

其实，从化学的角度来看，蒜辣意大利面的确是刺激性的料理，理由会在第六章说明，这里大家对于蒜辣意大利面有个刺激性料理的印象即可。

意大利面根据定义的不同，追求的目标也不同。若将蒜辣意大利面定义为刺激性意大利面，对应的烹煮方式、盐量拿捏也会因此改变。本书第一章到第四章的内容虽然是普通的"意大利面条煮法"，但最后会聚焦在"刺激性意大利面条的煮法"。

从不同角度来看，全书可以说是一本"蒜辣意大利面的食谱书"。一般食谱的一个步骤会用 10—50 个字来描述，比如"步骤 ① 在锅中加入水和盐，沸腾后放入意大利面条"等。而本书相对应的部分——第一章到第四章竟然有 4 万多字。同样，第五章到第七章中，光是酱汁的做法和淋酱的方式就有 2 万多字。

仅仅一道料理就花费了 6 万字，这可以说是世界上最长的食谱，也许有人会感到相当惊奇。但通过这样锲而不舍（也许是过度？）的探索与实验，大家绝对能找出最适合自己的做法，做出齿颊留香的意大利面。

第一章

嚼劲与弹性

只有杜兰小麦粉和水

蒜辣意大利面的食材简单，所以面条本身的口感特别重要。在第一章中，我想探讨意大利面的口感。

"要有嚼劲才好吃""意大利面弹不弹牙"等，我们经常可以听到这些说法，但这到底是什么意思呢？

1967 年，意大利制定了有关意大利面条的法规。这个法规规定，不加蛋黄的干燥意大利面条只能用"杜兰粗粒小麦粉"（durum semolina）和水制作。

杜兰小麦是小麦的一种，自古被种植在地中海沿岸等温暖干燥的地区。杜兰（durum），拉丁语里是"硬"的意思，正如其名，这种小麦胚乳玻璃化（角质化）而坚硬。

粗粒小麦粉（semolina）是磨得比较粗的小麦粉。因为杜兰小麦的胚乳比较坚硬，没办法像普通小麦一样磨成细粉，所以传统意大利面都是使用小麦粗粉制成的。现今的技术已经可以轻松将小麦磨细，但为了保有意大利面独特的口感，面条几乎都还是使用制作方法简单的杜兰粗粒小麦粉。

意大利面条的原料只有杜兰粗粒小麦粉和水，没有其他添加物。顺便一提，日本的意大利面过去是使用高筋面粉制成的，中途变成高筋面粉和杜兰小麦粉混合调制，1985 年左右才真正使用纯杜兰粉制成。现今日本可购得的廉价印度尼西亚产和土耳其产的意大利面条，大部分都是只用杜兰粗粒小麦粉和水制成。

分解就能了解

烹煮意大利面的目的是做出好吃的意大利面，一般做法是将干燥过的面条放入水中煮，加入适当的盐增加口感。

那么实际烹煮的时候面条里面到底发生了什么？究竟产生了什么变化，才变得好吃了呢？

虽然我想了解其中的原理，但通过核磁共振观察煮好的面条内部，或是以化学的方式分析其组织变化，一般家庭的厨房里不可能做到。这时，我想起以前重考大学的时候，补习班老师的口头禅："分解就能了解。"

没错，将意大利面条的成分分解开来看，不就能稍微了解烹煮过程中发生了什么样的变化吗？

面条的包装标示了营养成分，最多的碳水化合物占 70%—75%；蛋白质占 11%—14%；剩下的是水、脂肪等物质。所以说，只要分解占八九成的碳水化合物和蛋白质，就能够了解相当多的事情。

碳水化合物大部分是淀粉，蛋白质大部分是麦谷蛋白和麦胶蛋白。我试着将这些物质从面条中分解出来。

从小麦中分解出淀粉、蛋白质，其实并不困难。从前还没有科学方面的知识，人类就靠着这样的分解方式制作食品——面筋。面筋是小麦蛋白的凝块（日本称面筋为"麸"。近来则有人会在小麦蛋白中加入小麦粉和糯米粉）。

使用制作面筋的方式去制作杜兰小麦粉并从面条中分解出蛋白质和淀粉，这一开始真的只是突发奇想。然而，经过实际分解实验，结果超乎预期。果然如我的老师所说："分解就能了解。"

分解出蛋白质和淀粉的方式

杜兰小麦粉可以在烘焙材料超市等地方购买，面粉中加入水，均匀地揉成面团（图1.1），将面团拉成细长状再干燥放置。

图1.1 仅用杜兰粉和水做出来的面团

我把面团放入盆中加水揉搓，面团中的淀粉会溶入水中，使水变成牛奶般的白色混浊液，将白色混浊液倒入其他容器中保存，再加入干净的水揉搓面团，重复这个步骤（图1.2）。

揉搓到最后，面团会像嚼了很久的口香糖一样，变成带有弹性的黄色凝块。这就是称为"面筋"的蛋白质。面团经过这样揉搓，小麦里所含的两种蛋白质麦谷蛋白（glutenin）和麦胶蛋白（gliadin）会搅和在一起，形成面筋（呈现黄色是因为杜兰小麦含有叶黄素）。

用这个方式能够从杜兰小麦粉中分解出蛋白质，但是淀粉却还残留在白色混浊液中，这要怎么分解出来呢？

其实，淀粉并不是"溶解"在白色混浊液中。所谓的溶解状态应该像糖水或盐水一样。砂糖和水分子结合，均匀地混合；或是盐（氯化钠）在水中分解成钠离子和氯离子，分别被水分子包围，这才能称为"溶解"。

图 1.2　将面团加水揉搓，水会变成白色混浊液，最后留下面筋

由于淀粉的构造坚固且不溶于水，粒子仅仅在水中漂浮着，就像泥土和水混合的泥水一样，淀粉只是分散在水中而已。将褐色浑浊的泥水放置一段时间，水和泥土会分离，这个现象也会发生在含有淀粉的白色混浊液中。

　　想象一下溶在水中的太白粉。太白粉是马铃薯的淀粉，溶入水中变成白色混浊液，但放置一段时间，太白粉会沉淀在杯底，和水分离。而小麦淀粉也会发生同样的现象。简单地说，想要分解出淀粉的话，将白色混浊液静置一段时间就可以。

　　淀粉属于大粒子，将白色混浊液静置，不久淀粉便会沉淀在底部。去除上方干净的水，将底部黏稠状的淀粉铺到方盘中，等待完全干燥即可（图 1.3）。

图 1.3　将白色混浊液静置一段时间，淀粉会沉下去，去除上方干净的水，倒入方盘中干燥，即可分解出淀粉

　　顺便一提，普通小麦粉用同样的做法也可分解出面筋。将分解出的生面筋蒸煮会变成熟面筋，干燥后则变成干面筋。干燥

残留的淀粉即形成面糊，可用于制作日式传统拉门的面糊纸。

淀粉糊化

我从杜兰小麦粉中分解出蛋白质和淀粉，分别水煮，观察变化。首先从淀粉开始，淀粉占意大利面成分的 70%—75%，因此与口感的关系最为密切。

将凝固在方盘底部的淀粉，取下面积为 4 平方厘米、厚 2 毫米左右的凝块。像煮意大利面一样，加入水量 1% 左右的食盐，将水煮至沸腾，再将淀粉凝块放下去煮。

白色的淀粉凝块会从外围慢慢变为透明。变透明的表面黏滑，用手指拿起会感觉滑溜溜的。此时，它的外观看起来是中间有白色凝块，外围包覆着透明胶状物质。

试吃一下，真的就像意大利面的味道，不过口感黏稠，带有抵抗牙齿的硬度和弹力，咬断时带有黏牙感。另外，中间的白色凝块咬起来则偏硬脆。

适当烹煮的意大利面条 Q 弹、易咬断，而煮过的淀粉凝块口感迥异。过去我曾经尝试用 70℃左右的热水煮意大利面，当时的黏牙感令人难以恭维。

在加热过程中淀粉到底发生了什么？

请回想小学教的光合作用。小麦利用太阳的光能量，将二氧化碳和水合成葡萄糖，并释放氧气，储存在小麦内部的葡萄糖联结起来即变成淀粉。为了在有限的空间尽量多地储存，淀粉的结构紧密而扎实。

再深入一点，淀粉可分成树状分支的"支链淀粉"和直线没有分支的"直链淀粉"。支链淀粉能够形成紧密的结晶结构，缝隙间穿插着直链淀粉形成小型颗粒，变成"淀粉粒"的状态。

支链淀粉不溶于水，但直链淀粉会溶于热水。煮意大利面条时，一方面，支链淀粉的紧实结构会因热而变得松散，水分子得以进入空隙中，使淀粉粒膨胀；另一方面，直链淀粉虽然会溶解，但并不是完全流失到热水中，而是贴在支链淀粉的表面，和水分子结合。

若再继续加热，整个结构都会被破坏，淀粉粒不断地吸收热水，受到水分子的激烈震动，淀粉粒本身也会开始崩解。最后，支链淀粉和直链淀粉都流失到水中。

淀粉粒吸水膨胀到最后崩坏的过程，称为"糊化"，如同字面的意思——变成糊状。中华料理和日式料理中，有些菜肴会用太白粉或葛粉来增加浓稠感，这就是马铃薯或葛属植物的淀粉糊化现象。

水煮白色的淀粉凝块，糊化的部分会变透明，这是因为淀粉粒吸了水，分子间的距离拉开，光折射率降低了（图1.4）。意大利面条越煮越透明，就是这个原因。

图 1.4　经水煮的淀粉，外围变透明

糯米为什么有黏性？

　　咀嚼煮过的淀粉会有一种咬不断的黏牙口感，这是吸收水分后淀粉粒间相互摩擦所产生的现象。支链淀粉的分支较多，相对容易复杂缠绕，咀嚼只会更让它们纠缠成一团，无法顺利咬断。这种纠缠就是形成抵抗牙齿弹力、黏性的原因。而直链淀粉为直线结构，不会缠绕在一起。

　　也就是说，弹性、黏性的秘密就在支链淀粉中。我用糯米来说明应该比较容易理解。糯米的淀粉几乎都是由支链淀粉构成，所以才会产生黏牙口感。另外，我们平常吃的粳米中支链淀粉占七八成，另含有二三成的直链淀粉，所以没有糯米那般有黏性。

　　小麦淀粉所含的支链淀粉和直链淀粉的比率，几乎和糯米相同。的确，咀嚼煮过的杜兰小麦淀粉凝块，所感受到的黏性（中间未糊化的硬块除外），口感真的就像煮过的米饭。

热水烹煮后，淀粉会从外围慢慢向内部糊化，和热水接触的外围淀粉结构会渐渐崩解、大量吸收水分，但靠近中心的部分仅有少量的水分渗入。

也就是说，煮好的意大利面条从外部到中心，含水率会逐渐减少，这被称为"水分梯度"。

我查阅论文《由 MRI 来看水分分布对食品物性的影响》（吉田充，《日本食品科学工学会志》第 59 卷第 9 号，2012 年 9 月）时，发现越中心的同心圆含水率越少（图 1.5）。煮得刚好的意大利面，外围部分的含水率为 80%，中心部分的含水率则小于 40%。

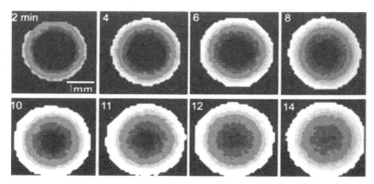

图 1.5　烹煮时间从 2 分钟到 14 分钟，意大利面条的含水率梯度。从图中可明显发现，中间含水量小于 40% 的芯逐渐变小（吉田充博士提供）

食用煮过的淀粉凝块会觉得中心白色的部分硬脆，就是含水率低、没有糊化的缘故。

烹煮意大利面的时候，不管怎么样，中间的芯含水量都会较低，而这个芯的比例会大大影响意大利面的口感。

嚼劲的定义

一听到中间有芯，很多人会想到"嚼劲"（al dente）这个词。先说结论，我对它的定义是这样的："所谓嚼劲，是由意大利面条中间含水量小于 40% 的淀粉所产生的硬脆口感。"

"al dente"在意大利语中，就是由牙齿的"il dente"加上相当于英语"to"的前置词"al"构成，煮得"al dente"也就是煮得"有嚼劲"。

然而，虽然说有嚼劲，但它是什么程度的嚼劲呢？这没有明确的答案。最常听见的说法是"面条中间的芯像一条丝线或一根头发"这种程度。芯是指水分还未完全渗透，淀粉还未糊化的部分。但是，未糊化的部分要残留多少才算是有嚼劲呢？这同样没有明确的说法。

就连在意大利被称为"意大利面之都"的那不勒斯，对嚼劲也有不同的定义，虽说留有许多芯的意大利面比较受欢迎，但仍有着地域上的差异。当然，这见仁见智。

一方面，嚼劲这个词，听起来像是意大利面最理想的状态，有着不容侵犯的深奥意义。但是，其实它的定义并没有那么明确，从"硬到难以下咽的状态"到"完全没有面芯的状态"，两者之间有着很大的范围。

另外，嚼劲这个词也使用得很混乱。有些人主张"煮好面、淋上酱汁的过程同时也在加热，所以在偏硬的状态就应该起锅"。这个情况是以品尝时"面条达到最软"为目标，几乎感觉不到嚼劲的口感。

另一方面，实际上嚼劲大多是指享用时的口感。这是以吃进嘴的瞬间"面条达到的嚼劲状态"为目标，所以意大利面条起锅的时间点，状态必须是"非常具有嚼劲"（molto al dente）。

嚼劲的定义见仁见智，爱好者对理想的嚼劲程度更是争论不休。虽然我没有办法给予一个明确的解答，但可以定义他们争论本身，那就是"面条中心的淀粉粒含水量究竟要多少"。

人类喜好软食

然而，喜爱偏硬口感的人在历史上应该算少数。在"嚼劲才是美味"的观念广为盛行之前，将意大利面条煮到没有面芯才是最自然的煮法。

日本人广泛接受意大利面是在第二次世界大战后。有很长一段时间，人们都是喜欢煮到没有面芯的意大利面。在有许多意大利移民的美国，大多数人还是偏好柔软的意大利面。

欧洲的情形也相同。德国的意大利面基本上都偏软。和意大利同样位于地中海区域的法国以及邻近的西班牙，面条同样煮得过软。

其实，在中世纪的意大利，意大利面会煮一个小时，有时还可能煮到两个小时。但是再一想，意大利人本来就会将小麦粒、小麦粉煮成黏稠状的粥。当初，意大利面应该也像粥一样，偏好被煮成软烂状。

现代的意大利面条和中世纪的制法不同，煮出的结果也不一样。我试着将意大利品牌百味来的意大利直面条烹煮一个小时，没想到面条还能保持原有的形状，但却软烂到入口即化，很适合当成疗养食物。对于因为生病食欲不佳，却非常想吃意大利面的人，我推荐这样的煮法。

人们喜欢将意大利面煮软，其实是非常自然的事情。软熟的食物不用仔细咀嚼即可直接吞下肚，容易消化，不用消耗过多的热量，高效率摄取养分。

哈佛大学人类进化生物学系的理查德·兰厄姆（Richard Wrangham）教授，提倡这样的假说："人类的祖先开始用火，因加热而软化植物、坚果等食物，能够高效率摄取淀粉。就结果来说，这使得消化器官变小，也能够维持需要大量能量的大脑运作。"[1] 若他的假说正确，那"身为动物的人类"，本来就会本能地追求柔软的食物。

这样一想，意大利面的软熟是人类先天的需求，嚼劲则是后天习得的嗜好。在不需要担忧生存问题的环境下，人们才会想要"口中触感的刺激"，追求有嚼劲的口感。

这是我个人的经验。我曾在离职后，一度到新潟县佐渡岛被称为"边缘村落"（marginal village）[2] 的深山农村里生活。这里的居民偏好柔软的食物，野菜、山菜都煮得软软烂烂的。对他们来说，糯米团子、馒头等白色松软的食物才是美味佳肴。

然而，从都市来找我的朋友大多都不能接受煮得过久的野菜、山菜，对我抱怨连连："所以才说乡下人啊……"

勤于农事的乡下人会优先高效率摄取能量，但对于都市人来说，"进食"不如说是为了追求刺激。

虽然这样有些不严谨，但我认为柔软的食物等于田园风，有嚼劲的食物等于都市风。嚼劲是都市才有的文化。

1　请参考 *Catching Fire: How Cooking Made Us Human* 这本书。
2　"边缘村落"：人口稀少且 50% 以上是超过 65 岁的高龄者，共同生活的部落。这些人一般都难以维持基本生活。

嚼劲才是意大利面的精神

据说，偏硬的意大利面诞生于那不勒斯。

在席尔瓦诺·塞尔文蒂（Silvano Serventi）、弗朗索瓦兹·萨班（Francoise Sabban）合著的《意大利面的历史》（*Pasta: The Story of a Universal Food*）中，关于杜兰小麦粉制成的干燥意大利面，那不勒斯的厨师表示："因为小麦的味道较强烈，所以不能煮太久是潜规则。"

然而直到 19 世纪，那不勒斯的煮法才广为人知。1839 年，伊波利特·卡瓦尔坎蒂（Ippolito Cavalcanti）在《料理的理论与实践》（*Cucina Teorico-pratica*）中写到 "留有食材的原味"才是较好的煮法。

但是，为什么是那不勒斯？那不勒斯街上有许多意大利面的廉价摊贩，会不会就是跟这个现象有关？我试着想象偏爱有嚼劲的口味的诞生经过。

在 18 世纪的那不勒斯，一家意大利面的面摊像往常一样聚集了许多工人，好不热闹。面条起锅后，老板熟练地淋上西红柿酱汁，撒上奶酪屑，为客人端上桌。在这样的混乱当中，客人们一边抱怨面量、酱汁太少，一边用手把面扒进嘴里。

有一天老板想到一个点子，若能将烹煮时间稍微缩短，同样的时间就可以煮出更多的意大利面，卖给更多的客人！而且，这样还能节省燃气费呢！

经过实践，"那家面摊的客人不用等很久，很快就能吃上意大利面"。于是面摊在活泼性急的那不勒斯工人间名声大噪。而且，面条硬脆带劲，口感非常新鲜。比起煮得软软烂烂的面条，硬脆面条带有更浓郁的小麦香味。

面条一煮好马上就能售空，根本没有"滞销"的时候，于是人气持续走高，其他摊贩也赶紧跟进……

那不勒斯人在尝过一次偏硬的意大利面之后，柔软的意大利面已经无法满足其胃口。人们想要再追求更强烈的刺激，于是面摊再次提升了嚼劲的口感。后来，那不勒斯人都理直气壮地说："嚼劲才是意大利面的精髓，软乎乎的面条根本不够味。"

我脑海中登场的那不勒斯人全都变成日本落语[1]里的"江户之子"，就像江户之子喜欢热到危及生命的热水澡一样，那不勒斯人违逆人类追求软食的本能，把嚼劲当成"固有文化"一般热爱。然后，从20世纪中期至今，这样的文化逐渐在世界各地发扬光大。

当然，这是完全没有根据的推测。但是，比那不勒斯人更性急的罗马人，他们的意大利面比那不勒斯的留有更多面芯，由这点来看，这个"性急说"也不完全是胡思乱想。至少我是这样深信的（虽然没有明确的证据，但据说罗马披萨比那不勒斯披萨更加薄脆，就是因为罗马人性急而缩短了烘烤的时间）。

---

1 编注：类似中国单口相声的日本传统曲艺。"江户之子"指老东京人。

重量增为原本的两三倍

因为嚼劲没有明确的定义，所以世界各地有着"各种各样的嚼劲"，说法不一。然而，今天的意大利面品牌及美食家给出了参考指标——"这样的状态可以称作有嚼劲"。

这个指标就是"煮好的意大利面重量为煮之前的 230%—240%"。

面条品牌不同也会有所差异，但包装上所标示的"标准烹煮时间"，就是重量变成 230% 左右所需的时间。

依照包装指示时间烹煮，面条内部的淀粉会发生什么变化呢？让我们来一探究竟。

烹煮面条时，外围淀粉粒的构造会受热崩解，水分子渗入产生糊化现象。糊化逐渐往中心进行，水分子也逐渐向中心渗透。淀粉粒吸水膨胀，渐渐变重，煮到接近标准烹煮时间，面条的重量会变成干燥时的两三倍。

此时，面条外围部分的含水率超过 80%。含水率向中心递减，中间的面芯则小于 40%。这样的含水梯度就是意大利面具有独特口感的秘密。

弹的关键在于面筋

经由实验已得知，嚼劲的口感来自淀粉的糊化。接着，我们来探讨占面条成分 11%—14% 的蛋白质。将蛋白质烹煮后，它会发生什么样的变化？又会产生什么样的口感？

从杜兰小麦粉分解出来的蛋白质为面筋，在烹煮面筋之前，我先来说明它的性质。可以说，面筋独特的性质和意大利面的口感有着密不可分的关系。

即便没有制作乌冬面、面包的经验，我们也能想象揉面团的感觉。用手拉扯面团，感受到抵抗力的同时，面团会伸长，手一放开，面团则慢慢变回原状；用手指按压面团，感受到抵抗力的同时，面团会凹陷，手一放开，面团则慢慢变回原状。面筋便有着这样的独特性质。

小麦含有 80 种以上的蛋白质，其中四五成是麦胶蛋白，约四成是麦谷蛋白。这两种就占了全部蛋白质的八九成。我们在这两种蛋白中加入水分，制作成面筋。

对以科学角度思考料理的人来说，哈洛德·马基（Harold McGee）的《食物与厨艺》（*On Food and Cooking*）可以说是经典，解说简单易懂。接下来我将以这本书的内容为基础，说明面筋的制作方法。

首先，探讨一下麦谷蛋白。蛋白质是由许多氨基酸连接而成的，麦谷蛋白由一千个左右的氨基酸以直链状连接而成，宛如线圈的形状。揉制面团的过程，会加强麦谷蛋白尾端的联结，使数百条麦谷蛋白前后连接在一起，外观宛如长线圈状的弹簧。

长弹簧状的麦谷蛋白会再跟邻近的弹簧蛋白暂时结合。揉和面团能够使长弹簧蛋白互相连接交缠，使其被淀粉粒包裹着。长弹簧蛋白被扭转后产生扭曲的网状结构，是非常有弹性的结构。

其次，麦胶蛋白也是由一千多个氨基酸连接而成的，其构造为折叠状，能够变成像小球一样的圆形团块。这个小球穿插到麦谷蛋白之间，感觉像是滚珠轴承一样，使麦胶蛋白变得平滑。

我们用手拉扯小麦粉加水揉制成的面团时，麦谷蛋白的网状结构会被拉长，同时麦谷蛋白自身的线圈也会被拉长。麦谷蛋白拥有强劲的还原抵抗力，再加上麦胶蛋白的滚珠能减少摩擦，使整个面团能带有黏性地伸长。

手一放开，麦谷蛋白会变回原本扭曲的状态，伸长的线圈回缩，结果面团慢慢地恢复原本的形状。

就小麦粉的面团来说，受到外界压力而变形的性质，即拉扯时伸长的性质称为"伸展性"，变回原本状态的性质称为"弹性"。面筋同时具有高伸展性和高弹性。

为了帮助理解，你可以把面筋的网状构造与功用想象成肌肉纤维。杜兰小麦面筋的网状结构更粗，交缠方式也更加复杂，再加上麦谷蛋白含量较高、麦胶蛋白的滚珠较少，相较于一般小麦的面筋，杜兰小麦面筋的伸展性较弱、弹性较高，我们可以将其比喻成是难以伸长的硬肌肉。

我们若使用杜兰小麦粉制作面筋，就能实际体验到这些性质。拉扯时，你会感受到强劲的抵抗力；放手时，面筋马上就会恢复原状。若更强硬拉扯，面筋反而不会伸长，"啵"的一声就断开了，就像是肌肉撕裂、肌肉分离的情况（据说肌肉真的分离时，身体内部也会发出"啵"的一声）。若麦胶蛋白再多一点，就不会这样。

其实，这个特征和口感有着密切关系。吃乌冬面时会感觉粘牙，但意大利面Q弹且容易咬断。意大利面和乌冬面明显不同的口感，就是由于杜兰小麦面筋独特的性质。

为什么会"啵"的一声断开？

了解了杜兰小麦面筋的特性后，我们接着来探讨实际烹煮时会发生什么变化。首先将先前取出的面筋分成小块，接着用沸腾的含有1%食盐的水烹煮。

面筋渐渐变硬，难以拉长，伸展性减少，弹性增加。面筋和淀粉不同，会大量吸收水分。将吸水后的面筋加热，面筋中分子间的键结会更加坚固，产生更加强劲的弹性。

再进一步讲，固定面筋形状的氨基酸，有着和水容易结合的亲水性以及和水不易混合的疏水性。分子间容易键结的是疏水性氨基酸，平时埋藏在分子内部。然而加热后，水分子产生振动，使得分子的结构崩解，疏水性氨基酸露出表面。结果分子间键结起来，面筋变硬（图 1.6）。

图 1.6　面筋（左）经过烹煮，会吸水膨胀而变硬（右）

　　试吃后发现，煮 1 分钟的面筋口感一弹一弹的，难以咬断，还带有延展性。再稍微煮久一点，弹性越来越强，最后变得能够轻松咬断。持续煮 10 分钟左右，面筋会变得很硬，我想拉长却无法伸长，轻易地就拉断了。

　　面筋香味令人联想到意大利面，它口感 Q 弹硬脆，没有淀粉块般的黏稠。

　　虽然说经过烹煮的淀粉口感"像是煮熟的米饭"，但意大利面的口感和米饭完全不同。由舌头和牙齿的感觉可知，这种差异来自面筋。

判断意大利面煮好了没有，我们可以从锅内取出一根面条，用拇指和食指捏捏看。捏面条的时候，若你觉得有面芯而且黏稠不容易断开，表示还煮得不够；若面条能"啵"的一声轻易断开，表示煮得刚好。

煮好之前，面条黏稠感来自淀粉，还会随着时间和面芯一同变小，同时面筋的弹性会增加，最后变成能够"啵"的一声断开。

嚼劲和弹性的不同

说到这里，我们可以将意大利面的口感分成四种。

① 面条表面的口感（根据加工过程的不同，表面有平滑的也有粗糙的。另外，表面的淀粉粒膨胀崩坏后，面条外围会包裹着薄薄的糊状物，产生黏滑口感）。

② 会抵抗牙齿的弹性口感和粘牙的黏稠口感（这是糊化的淀粉粒吸水膨胀产生的口感，含水量向中心递减，产生多种弹性和黏性）。

③ 面条中心残留的硬芯产生的咯吱咯吱的硬脆口感（这是含水量小于 40% 的未糊化的淀粉粒产生的嚼劲口感）。

④ 轻咬时能感受到弹性，用力咬时"啵"的一声断开的口感（这是吸水的面筋加热变硬后产生的口感）。

① 到 ③ 是由淀粉产生的口感；④ 是由蛋白质（面筋）产生的口感。

① 的口感是面条和唇舌、口腔内部接触时的"滑溜感"，或是直接吞下肚时的"顺口感"。然而，根据制作方法的不同，面条带来的感觉会有所差异。另外，面条口感会和橄榄油或酱汁混合，除非直接食用面条，不然无法感受到面条本身的滑溜感。不加调料的意大利面会带有黏性，这也是为什么煮好的面条容易缠结在一起的原因。

通过前面的实验，我们知道 ③ 的口感就是嚼劲。

不仅限于意大利面，我们咀嚼乌冬面、拉面等小麦制成的面条时感受到的弹力都称为"弹性"（也有人称为弹牙），这就是由 ② 和 ④ 结合产生的口感。

嚼劲和弹性到目前为止都没有明确的定义，我经常看到美食文章混同使用两者（在写作本书前我也常常搞混），但至少在本书中，我想用以上四种口感来区分。嚼劲和弹性是完全不同的概念。

乌冬面和意大利面的弹性

需要注意的是，意大利面的弹性和日本人熟悉的乌冬面弹性有所不同。

乌冬面是使用一般小麦碾压的小麦粉制成的。这种小麦粉含有 9% 左右的蛋白质，相较于杜兰粉的 11%—14%，蛋白质含量相对较少。所以，乌冬面面团的面筋也较少，没有前面④中"'啵'地一声断开的好口感"。

再者就是二者面筋里所含的空气不同。市面上贩卖的意大利面通常是工厂在真空状态下揉制而成的，气泡含量较少。

然而，乌冬面通常是在有空气的地方揉制而成（最近日本也有了使用真空搅拌机在真空状态下揉制的制面厂）。因此，在烹煮的时候，包覆在面筋网状结构中的气泡会受热膨胀，面条中会产生许多小气泡，面条变得又粗又软，带有抵抗牙齿的口感。

然而，这是指刚起锅的乌冬面的口感。为了去除黏滑，将面条泡入冷水中，气泡会萎缩，这份口感也就消失了。但是，再将乌冬面加热，气泡又会稍微膨胀，所以，温热的乌冬面多少有些来自气泡的口感。

水分含量变化也是需注意的地方。传统的乌冬面通常是将揉好的面团切成细条状，然后直接水煮。和经过一次干燥再水煮的意大利面相比，水分含量变化没有那么大。而且，乌冬面基本上是煮到没有面芯的状态，也就没有中间未糊化淀粉带来的嚼劲。

另外，乌冬面被揉制时会加入盐，虽然比意大利面的面筋少，但盐多少能够增加面筋强度。此外，盐会使淀粉粒不易崩坏，乌冬面的淀粉粒吸水膨胀后，越来越大但不会破掉。于是，直链淀粉间摩擦产生了黏性。和没有加盐揉制的意大利面淀粉粒相比，乌冬面烹煮过程中产生的变化和意大利面的变化不相同。

我们食用温热的乌冬面，首先会感受到其膨胀的松软感，用力咬下去后则会感受到面条的抵抗，软又带有黏性。香川县的赞岐乌冬面有着"软却难咬断"的特征，这就充分体现了乌冬面本身的特性。这种口感就是日本人长久以来熟悉和喜爱的弹性。

另外，意大利面的面筋较为强固，咬下去时感到有嚼劲但不粘牙，面条能"啵"的一声轻松断开，比乌冬面要硬脆。

但是，意大利北部的生意大利面[1]口感有弹性，和乌冬面相似。这个地区的意大利面是用普通小麦、蛋黄和水制成的，不进行干燥，面条水分变化也不大。生意大利面会在日本受到欢迎，也许正是因为它比较符合日本人喜爱的口感吧。

相较于面筋强度弱、淀粉粒带有黏性的乌冬面，意大利面的面筋强度强、淀粉粒黏性少，同样被形容有"弹性"，但其中的意义大不相同。

---

1 一般的意大利面条会经过干燥程序，但生意大利面没有。

浸水冷却面条的历史

若要说煮乌冬面和煮意大利面最大的不同点，那就是起锅后面条是否用水清洗。

乌冬面需要清洗的理由，一方面是用水冷却使面条不会过于软烂，另一方面是冲掉表面淀粉糊化产生的黏滑感。经过冷却清洗，面条表面的淀粉粒变得光滑且带有透明感，还能提高面条滑顺的口感，也使面条不容易纠缠在一起。

而意大利面通常不会用水清洗。但是，过去曾有过用水清洗意大利面的时代。

将面条煮得像粥一样软软烂烂、方便食用的时代并不会水洗面条。前面提过偏硬的意大利面诞生于那不勒斯，同样根据《意大利面的历史》可知，出现反对软式意大利面的声浪最早可追溯到 17 世纪初。

提出反对的是居于佛罗伦萨的音乐家、业余料理美食家乔瓦尼·戴尔·图尔科（Giovanni del Turco）。他在料理著作中，推荐将起锅后的意大利面条浸泡冷水，使面条"紧实偏硬"。

根据《意大利面的历史》，这种方法盛行于近代初期的意大利："当时的意大利料理，用水冷却面条并不稀奇，一般家庭直到 20 世纪末才渐渐废止这个习惯。"

水洗后的意大利面条和水洗后的乌冬面一样没有黏滑感，清爽顺口。与煮得像粥一样的时代相比，嚼劲应该大为增加。

分道扬镳

那么，为什么意大利后来不再水洗意大利面了呢？

这只是我的推测：因为嚼劲的"观念"广泛传开，变得众所皆知，若以水洗意大利面为前提，那面条就必须煮得软硬适中，再利用冷水快速停止加热，防止糊化，使状态稳定下来。但是，若周遭环境不适合用冷水冷却面条，那有没有别的方法呢？可不可以早点起锅，利用余热使面条软硬适中呢？

在 18 世纪，对那不勒斯的摊贩来说，水非常珍贵。用大量的水清洗意大利面实在过于浪费，所以他们不会这么做。因此，他们为了不煮得过软，在还有点硬的状态就捞出面条。

结果，面摊大受好评——"那家店的意大利面煮得很好吃，面条不会软烂"——而兴起人气。比较性急的客人等不及余热调理的时间，争先恐后地伸手抓取提早起锅的偏硬意大利面，于是那家店的意大利面不一会儿就卖完了。

接着，人们体验过偏硬意大利面的刺激后……

不管怎么说，在没有办法用水冷却的环境下，或是执着于面条的香味而坚决不水洗的情况下，为了保证弹性和硬度，面条必须提早起锅。这会不会就是有嚼劲的煮法诞生并广为人们接受的契机呢？

人们对意大利面口感的期望，一开始是像粥一样软软烂烂、入口即化；到 17 世纪以后，变成像乌冬面一样保有一定的弹性；从 18 世纪到现在，意大利面和乌冬面完全分道扬镳，人们变得喜爱硬脆口感的意大利面。

第二章

盐的拿捏

决定标准煮法

上一章介绍了意大利面的主要成分淀粉和蛋白质（面筋）的特性，以及它们经过烹煮会产生什么样的口感。以此为基础，本章将探索意大利面的最佳煮法。

要找出最佳煮法，比较的过程相当复杂。

比方说，第一组，使用 A 牌意大利面 150 克，放入 3 升硬度为 200 的硬水中，加入含有卤水成分的盐 60 克，开大火煮；另一组，使用 B 牌意大利面 100 克，放入 500 毫升硬度为 60 的硬水中，添加含有 99% 以上氯化钠的盐 3 克，开小火煮。这样两组截然不同的煮法能够相互比较吗？

虽然只要吃下去，我们就能知道哪一种煮法比较美味，但却无法了解是什么原因造成这样的差异。两组的条件差异过大，像这样的排列组合有无数种。

为了能够相互比较，我们必须限制要素。以前面的例子来说，仅改变面条的牌子，其余的烹煮条件皆相同，我们就可以知道哪种品牌的面条好吃；或是仅改变盐的种类，其余条件都相同，我们就可以了解哪种盐适合煮意大利面。只有像这样一项一项地改变要素，逐步验证，我们才会找出美味的最佳煮法。

因此，这里我想先决定"意大利面的标准煮法"。这项工作是先设立烹煮基准，决定检验的要素，然后再一项一项地改变这些要素，观察差异所带来的影响。

在日本烹煮意大利面，我会尽可能考虑普遍性的条件。以水为例，这里使用的是自来水（东京是硬度为50—100mg/L的软水）。

至于盐的部分，我想多数人有自己爱用的盐，我是使用含99%以上氯化钠的食盐。这是过去日本的专卖公社——财团法人盐事业中心生产的食盐，也就是日本最为普遍的盐。

我使用的意大利面条是百味来牌的细长状意大利面（直径1.7毫米）。百味来的面条在意大利当地市场占有率超过35%（2012年的数据），远胜其他品牌，可以说是非常普遍的原产意大利面。这个品牌有代理进口，在超市能轻易买到。

1升水、10克盐

　　我们必须先设定标准煮法的水和盐的使用量。

　　首先是水量，平均 100 克干燥意大利面条需要 1 升的水；盐量则是每 1 升水加入 10 克盐。

　　这个比例是我翻阅各种食谱书籍，以及到意大利当地餐厅取材、请教意大利面师傅，最后总结出的最为普遍的比例。在百味来官网有一篇文章叫《百味来的美味意大利面煮法》，同样推荐 "每 100 克的意大利面搭配 1 升的热水和 10 克的盐"。

　　当然，我不是想要强调这个比例的正确性。这里的盐量和水量是为了能比较不同条件下的结果而事先设定的标准。关于这个比例本身的正确性，还需要做验证。

　　锅具是贝印牌的深底锅 3 号（ユータイムⅢ），内径 14 厘米，高 12 厘米，不锈钢制，底厚 0.8 厘米。这是刚好可以烹煮一到两人份意大利面的小锅，小型、使用方便，非常适合烹煮 100 克分量的意大利面条（图 2.1）。

　　虽然这种锅并不是普遍的意大利面煮锅，但经过好几次烹煮实验，它已成为我个人非常顺手且高效的重要锅具，所以我才刻意选用它当作 "标准锅具"。我不是要推荐这种锅，而是相较之下，告诉大家我比较常用的锅具。

图 2.1　贝印牌深底锅 3 号

　　煮法则采用面条外包装上，以及食谱书上的一般煮法，在锅中加入水和盐，开大火沸腾，再放入意大利面条轻压，使面条完全浸入水中，待水再次沸腾转小火，使水持续轻微沸腾。

　　为了避免烹煮时盐分浓度持续上升，请盖上锅盖。时间为包装上的"标准时间"——9 分钟。

家庭双盲实验

　　烹煮意大利面，要讨论的要素有盐（量与质）、水（量与质）、意大利面（种类和放入时机）、火候、烹煮时间以及使用的锅具。

　　在这些要素中，本章将先讨论盐和水，固定其他要素，仅改变盐和水的质、量来相互比较。简单说就是探讨什么是最佳的水煮溶液，而水煮溶液的盐分浓度要多少。

我们首先来看看烹煮意大利面到底为什么需要加盐。

水煮溶液加盐的最大理由是使面条有味道。意大利面和乌冬面、素面不同，制作过程没有加入盐，所以必须在烹煮的时候另外加盐。

当然，我们也可以先用没有加盐的纯水烹煮，起锅后再撒上盐调味。但是，和用食盐水烹煮的面条相比，这种做法下的盐味不均匀。用食盐水烹煮的面条味道均匀，面条内部也会带有咸味。

除此之外，也有人说"用食盐水烹煮，面条比较有弹力"。为了验证这种说法的正确性，下面将用各种不同的盐分浓度的水来烹煮面条，并做比较。

依据标准煮法，准备好 100 克的意大利面和 1 升的水，一组加入标准的 10 克盐；另一组不加任何盐。用纯水烹煮的面条没有味道，所以起锅后会撒盐调味。

我没有专业的测量器具或场所，验证过程也只是在自家的厨房进行，火候以目测进行调整。实验参与者有我、妻子、儿子（9 岁）、女儿（6 岁），共 4 人。

虽然完全是外行人、家庭式的实验法，但为了避免先入为主，实验采取"双盲实验法"（double blind test）。意思是实验者（我）以及受验者（全家 4 人），在每个人都不知道会吃到哪组面条的情况下进行实验。由于不知道哪盘意大利面是用纯水烹煮的，试吃的时候就能避免以成见判断。

　　具体做法为：我煮好意大利面并在家人看不到的地方盛入外观、大小相同的金属碗中，碗底标有用来分辨的记号，接着交由妻子将金属碗"洗牌"。这样一来，我们一家没有人知道哪碗盛了纯水烹煮的意大利面。

　　试吃的结果是纯水煮的除了比较黏滑，其他的口感并没有太大差异。很难断言"食盐水煮的意大利面比较有弹性"是正确的观点。

　　另外有个更基本的问题，起锅后撒盐调味的面条，面条中心没有咸味，味道不均匀，吃下去的瞬间马上产生先入为主的印象——"咸味不均匀，这碗应该是纯水煮的，所以应该缺少弹力"。这也使得我们难以单纯地确认两组的口感。

一小匙盐没有意义

　　那么，为什么结果会是这样的呢？电视节目也做过类似的实验。

　　日本放送协会（NHK）播出的《老师没教的事》节目曾做过关于意大利面的专题《好吃！次世代意大利面》。这个节目在意大利面爱好者之间成为话题，你们可能也看过。在节目中，人们用专业的器具检验纯水煮的意大利面和浓度约为

0.6% 的食盐水煮的意大利面，得到的结论是两者口感几乎相同，没有太大的差别。

浓度约 0.6% 的食盐水，相当于百味来、得科等日本常见的意大利面品牌包装上标示的"1 升的水加入 1 小匙的盐"，是非常普遍的盐分浓度（百味来的官网上说"1 升的水中加入 10 克的盐"，但包装上却标示着"1 升的水中加入 1 小匙的盐"）。

电视节目的结论为：单就面的弹力来看，1 升的水仅加入 1 小匙的盐，和纯水煮出来的没有太大差别。

另外，节目也尝试用浓度约为 2.5% 的食盐水烹煮，结果面条非常有嚼劲。

这是位于日本山形县的意大利面名店 Al-che-cciano 的店长奥田政行师傅的煮法。2.5% 的浓度也就是 1 升的水中加入 25.6 克的盐。这样煮出来的面比较咸，奥田师傅将面条起锅后，会用其他煮开的热水清洗盐分，再给客人享用。

为什么浓度高的食盐水煮出来的面比较有嚼劲？节目认为是浓度高的食盐水能够减缓糊化的速度。该节目的官网将之描述为："实际上，用浓度高的食盐水烹煮淀粉能够减缓糊化速度，因此，就算水煮到面芯，淀粉仍能维持形状，保有弹的口感。"

前面说的"淀粉仍能维持形状"，是指淀粉粒没有受到水分子入侵，保持原本扎实的结构，也就是许多淀粉粒都没有糊化。但是，我想"保有 Q 弹的口感"也可能是淀粉粒吸水膨胀，但仍然保持形状没有崩解，直链淀粉和支链淀粉没有流失的状态。

这个必须做验证。所以，又是杜兰小麦淀粉块登场的时候了。我使用各种不同浓度的食盐水烹煮，观察食盐浓度对糊化产生的影响。

9 种不同盐量的测试结果

依照标准——使用 1 升的水烹煮 9 分钟，我准备了 9 种食盐水，加入的盐量分别为 0 克（纯水）、6 克、10 克（标准）、15 克、20 克、25 克（奥田师傅）、30 克、40 克、50 克。

实验同样在自家的厨房进行，让家人试吃。当然，也是采用双盲实验法。为了不使咸度差异过大，盐量超过 15 克的淀粉块，起锅后会再用热水清洗，尽可能使咸味平均。

我拿标准煮法即 10 克盐的淀粉块，和纯水、6 克、15 克、20 克的进行比较，家人都察觉不出硬度的差别。令人遗憾的是，盐量差异较大的 6 克和 20 克互相比较，结果还是相同。经过几次实验后，家人觉得 20 克盐煮出的淀粉块比较硬的情况较多，但有几次大家却觉得 6 克盐煮出来的比较硬。

不仅是口感，外观上也几乎分辨不出差异。淀粉块烹煮后，周围的部分会糊化变透明，拿仪器测量糊化的程度，结果几乎相同。

然而，我再继续增加盐量，结果就不一样了。

盐量变成 25 克时，家人都觉得煮出来的比较硬，带有抵抗牙齿的硬度。盐增加到 30 克时，家人能明显感受到淀粉块的硬度。增加到 40 克时除了硬度外，他们还能感受到中间白色部分的粉末感。增加到 50 克时变硬的倾向更为显著，淀粉硬块的粉末感非常明显。

在自家进行的实验，得到的结论为"1 升的水加入 25 克的盐"是个临界点。

糊化和盐量非正比

其实，烹煮意大利面条也会发生相同的现象。用和前面相同的煮法烹煮百味来的细长状意大利面，观察面条的剖面。盐量在 25 克以下还没有太大的差别，但超过 30 克就可以明显看到中心的白色部分。

盐量为 50 克的时候面芯残留很多，捏下去就像面条里放了铁丝的感觉，面条不容易弯曲（图 2.2）。虽然不会咸到吃不下去，但就口感来说真的太硬了。

面条吸了多少水？试着测量面条的重量。用标准 10 克盐煮好的面条重量为 230 克；用 25 克盐煮出来的重量为 228 克；

用 30 克盐煮出来的重量为 226 克；用 40 克盐煮出来的重量为 224 克；用 50 克盐煮出来的重量为 223 克。虽然使用家庭式电子秤测量会有误差，但我还是可以看出盐量越多，面条吸水越少，糊化速度越慢。

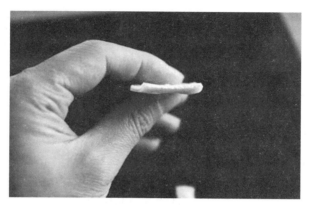

图 2.2　用 50 克盐煮出来的面会留下这么多的面芯

但是面条硬度以及糊化程度并没有随着盐分浓度增加而直线增加。就我个人的感觉来说，用 6—20 克盐煮出来的面条没有太大的差别，用 25 克以上的盐煮出来的差距则以指数增长。

因此，我试着调查淀粉的相关论文，得知似乎并不是盐分浓度越高，糊化现象就越受到抑制。虽然没有找到明确的答案，但事实会不会如同我的想象呢？

盐（氯化钠）在水中分解成钠离子和氯离子，离子跑进淀粉粒使淀粉粒膨胀。然而，离子和水会互相强烈吸引，结果糊化过程需要的水分子被抢走。也就是说，很有可能是离子一边使淀粉粒膨胀，一边抑制糊化现象。

　　10 克盐分解出的钠离子、氯离子的数量不多，不足以吸引多数水分子，不会影响糊化现象。然而，盐量增加到 25 克以上，抢夺水分子的离子数量大增，多到能够抑制糊化现象。

　　所以，盐分浓度越高，离子抢夺的水分子越多，糊化速度越慢；当盐量达到 30—50 克的时候，淀粉块中间的白色部分变多，粉末感也增加。那么，会不会当离子数量超过一定量时，抑制糊化的现象就会突然增加？

　　我个人认为，这就是盐量大幅增加以后，意大利面吸水性变差、糊化减缓的原因。

盐使面筋有嚼劲

　　我在前一章提到，意大利面的弹力来自淀粉和面筋。不黏稠的弹力以及"啵"的一声断开的硬脆感，不是来自淀粉，而是面筋加热所产生的。

　　现在我再重复同样的实验，探讨食盐水浓度对面筋有什么样的影响。我将杜兰小麦面筋分成同样的重量、近似的形状，接着用 9 种不同浓度的食盐水烹煮。

　　15 克以上的盐水煮出的面筋在热水中清洗，使咸味平均。条件与本书第 54 页相同。

面筋的弹力等力学特性，原本应该用仪器测量才准确，但我没有设备，所以和之前一样在自家厨房进行家庭的双盲实验。

将用 10 克盐标准煮法煮出的面筋和其他不同盐分浓度煮出的面筋比较。和纯水煮的相比，家人可以感觉到硬度的不同，但和 6 克盐、15 克盐煮出来的相比却几乎没有差别。当盐增加到 20 克的时候，家人都感觉到口感的不同，用 20 克盐煮出来的面条比较硬脆带有嚼劲。

盐增加到 25 克的时候面筋差别更明显。盐增加到 30 克时，我用手触摸面筋就能感觉到硬度。盐增加到 40 克、50克时，面筋更加坚硬。

这就可以得出结论：盐分变浓时，面筋弹性明显增加。用手拉扯，面筋不伸长即断开，延展性减弱。盐量超过 25 克，面筋硬度明显增加。

口感也是相同的情况。我充分咀嚼用纯水、低浓度食盐水烹煮的面筋，会感到像口香糖般的黏弹感。这大概就是由于盐加越多，面筋越没有延展性，导致嚼劲增加，变得硬脆，能够轻松咬断。

面筋实验比淀粉实验简单许多，嚼劲和盐分浓度几乎成正比关系。

为什么盐分越高，面筋会变得越硬呢？这是因为食盐水的电解质使面筋间的结合增加了。

构成面筋的氨基酸带有电荷，因此邻近的面筋分子接近，同极的面筋会相互排斥。然而，食盐水含有电解质，面筋分子的部分电荷会和电解质抵消，抑制氨基酸分子间的排斥作用。特别是麦谷蛋白，由于含有较多带负电的麸氨酸，麸氨酸的负电荷和食盐水的钠离子中和，会使麦谷蛋白不排斥，相互结合。就像第一章提到的，麦谷蛋白间的键结越强，面筋的弹性也就越强。

像这样，面筋的网状结构变得越强，越能够保护里面的淀粉粒，水分子、钠离子不易渗入使淀粉粒膨胀破裂，增加保有原来状态的可能性。面筋的弹性增加，淀粉粒的弹性也就增加了，面筋和淀粉之间有着加乘效果。

弹力均衡的口感

我在前面分别做过淀粉、面筋的烹煮实验，那么现在将它们结合起来会发生什么情况呢？我这次实验用意大利面来烹煮，用 9 种不同浓度的食盐水，其他条件和前面的实验相同。

6 克、10 克、15 克的食盐水煮出的面条，难以区分差异，但盐增加到 20 克后，家人都能区分其中的不同。加入 25 克盐的水煮出的面条 Q 弹硬脆，盐增加到 30 克以上的则更加有弹性。

虽然说面条有弹性，但也不是皮球般的硬弹感。就淀粉的"咬感"来说，轻咬能感受到压回来的弹力，用力咬则能感受到"啵"地折断的感觉；就面筋的口感来说，不是拉扯伸长，而是马上弹断。这两种"硬食感"和淀粉粒吸水膨胀而糊化的黏食感同时存在。

虽然并不是说加盐就一定能增加面条的弹力，但是，用浓盐水烹煮的面条的确比较弹。这是我得到的结论。

20 克盐有点咸

那么用食盐水烹煮意大利面，咸味会变得如何？若加盐的最大目的是调味，那加这么多盐会不会太咸呢？

假设面条吸进的水分，其盐分浓度和水煮液的相同，下面我们以这样的前提来计算。

1 升水加入 10 克盐的情形，盐分浓度为 $10 \div (1000+10) \times 100 = 0.99\%$。若 100 克的干燥意大利面条烹煮后变成 230 克，就表示吸收了 130 克的水煮液。面条吸收了 $130 \times 0.99 \div 100 = 1.287$（克）的盐，盐分浓度应为 $1.287 \div 230 \times 100 \approx 0.56\%$。

同样的计算方式，理论上，加入 20 克盐的食盐水煮出的意大利面的盐分浓度约为 1.1%；盐增加到 25 克时，意大利面的盐分浓度则约为 1.38%。

然而，并不是所有盐分都渗入面条内部，而且沸腾的水会蒸发，水煮液的盐分浓度会变得更浓，所以实际情况不会跟这里的计算完全相同，只能概算而已。

我实际使用家用盐分浓度计测量，加入 10 克盐煮出的意大利面其盐分浓度为 0.4%—0.6%；20 克盐为 0.8%—1.0%；25 克盐为 1.4%—1.5%。奥田师傅使用加入 25 克盐的水煮液再用热水清洗，测得的盐分浓度为 0.8%—1.0%。然而，这是使用家用的盐分浓度计，再加上测量方式相当粗糙，这些数字并不能当作绝对值。

据说，好吃的食物其盐分浓度为 0.8%—1.0%。若相信盐分浓度计的数字，那标准 10 克盐的意大利面会不够咸，必须搭配较浓的酱汁食用。

含 20 克盐和 25 克盐的食盐水煮出的面条经热水清洗，理论上味道应该刚好。然而，实际上，20 克盐的面条尝起来有点咸，感觉盐分浓度有 1.2% 左右。这大概是面条浸在盐分浓度约 2.0% 水煮液中的缘故。另外，25 克盐的食盐水煮出并用热水清洗的面条，我个人觉得更咸，但若是以本来就比较咸的外食为标准，这样的咸度可能刚刚好。

水沸腾才加入盐？

烹煮时加入盐能够增加味道和弹性，除此之外我还常听到其他的理由。比方说"加盐是为了提高水的沸点"，因此我要在这一节来探讨这种说法的正确性。

大家若觉得不需要，也可以直接跳过这一小节。

标准煮法即 1 升的水加入 10 克的盐，在这样的条件下，沸点会上升多少呢？

水的摩尔沸点上升常数为 "0.52K·kg/mol"。简单地说，1 升的水每溶入 1 摩尔的物质，沸点会上升 0.52℃。1 摩尔盐（氯化钠）的质量为 58.4 克，所以水煮液中投入 10 克盐，也就相当于 10÷58.4≈0.17（摩尔）。但是，盐在水中会分解成钠离子和氯离子，摩尔数会变成 2 倍，加入 10 克的盐，也就表示水中溶入 0.17×2=0.34（摩尔）的物质。因此，沸点上升 0.34×0.52≈0.18℃。

同理，6 克盐的沸点约上升 0.1℃；25 克盐的沸点约上升 0.45℃；30 克盐的沸点约上升 0.53℃。若更严谨一点，沸腾时盐分浓度会因为水分蒸发而变得更浓，沸点实际会上升更多。的确，加盐真的会使沸点上升。

沸点的问题还会牵扯到加盐的时机。某位意大利师傅在食谱书中写道："一开始就加盐会增加达到沸腾的时间，所以应该要等水煮开再加盐。"这位师傅大概是根据食盐水的沸点比纯水的高，而认为达到沸点需要较长的时间，但这明显是错误的观念。

原本应该用烹煮面条的浓度为 1%—2% 的食盐水来探讨这个问题，但我没有找到数据，所以就拿海水（3.9% 的盐水）

和纯水做比较。1 克纯水温度上升 1℃需要 1 卡的热量，而海水则需要 0.94 卡。也就是说，盐水温度上升所需的热量比较少。

一方面，海水的沸点的确比较高，是 100.7 摄氏度。欲使 20℃的海水沸腾，必须使温度上升 80.7℃。如果 1 克海水温度上升 1℃需要 0.94 卡热量的话，沸腾则需要 0.94×80.7=75.86（卡）的热量。

另一方面，纯水的沸点为 100 摄氏度，比海水低，但温度上升 1℃需要 1 卡的热量。欲使 20℃ 1 克的纯水沸腾，需要 1×80=80（卡）的热量。也就是说，纯水沸腾需要比较多的热量。假设用同样的火力加热，盐水当然沸腾较快。

意大利面水煮液的盐分浓度比海水低，这个差距会更小，达到沸腾的时间几乎差不多。所以，一开始就加盐或是等沸腾再加盐，两者差异不大。若硬要比较差异，一开始加盐能更快沸腾，这和前面那位意大利师傅的主张完全相反。

加盐是为了使沸点上升？

现在接着讨论，10 克盐的食盐水沸点会上升 0.18℃，25 克盐的食盐水沸点会上升 0.45℃，这样微小的沸点上升对烹煮意大利面有什么影响？

若假定这种差异有影响，气压、海拔等也必须考虑在内，因为沸点也受到海拔、气温和气压的影响。

我在撰写这篇文章的时候，所处的环境为海面气压 1010 百帕、气温 23℃、海拔 80 米，所以水的沸点为 99.7℃（由于计算过于复杂，直接参考网络数据的近似值）。

若是下雨了，气压会下降到 998 百帕，其他的条件相同，则沸点会下降到 99.3℃。仅仅这样就下降 0.4℃，那 10 克盐和 25 克盐之间的差异就更大。假定这会影响意大利面的口感，那么低气压时不适合煮意大利面，或是在下雨的时候需要加入更多盐使沸点提高。这样的事情有可能吗？

还有，若是在气压同为 1010 百帕，但气温 10℃、海拔 2000 米的山中，沸点会略低于 94℃。沸点相差 6℃应该会影响意大利面的口感。如同在高山上，因为沸点下降而无法煮出好吃的米饭一样，意大利面同样难以煮得有嚼劲。

在探讨沸点的上升是否会影响意大利面口感之前，我们先思考一个问题——真的有必要使沸点上升吗？

我最常听见的理由是："沸点上升，放入面条的温度才不会下降太多。"

因此，我要做个实验。当然，还是 1 升水放入 100 克面条的标准煮法。加入 25 克盐的沸腾水温为 100.5℃，放入面条后温度下降到 99.5℃；加入 10 克盐的沸腾水温由 100.3℃下降到 98.9℃。

两者的下降温度相差 0.6℃，也许有人认为这会有影响。

温度越高，煮出来的意大利面越好吃，这是属于爱好者的经验法则。

实际上，使用没有沸腾的水烹煮意大利面，面筋产生的弹性的确没有那么强，反而淀粉粒产生的黏性较为明显。

因此，"用热水煮比较好"这个观念是正确的，但是100℃可以，98℃就不行吗？ 98℃也近似沸腾的状态，这样会和100℃烹煮的有差异吗？前面例子中的99.5℃和98.9℃也会出现很大的差异吗？如此微小的差异，我很难想象会带来什么影响。

所以，接下来我将继续通过实验来验证。

0.5℃的影响是什么?

这次准备两只锅，皆装入1升的水和25克的盐。其中一只水轻微沸腾，用中小火保持98—99℃的温度；另一只水激烈沸腾，用大火保持100℃的温度。大火会使水煮开溢出，两只锅都不加盖煮。

家庭双盲实验的结果是大火煮出来的面条弹力更强，带有硬度。但是，中小火煮出来的口感也相当不错。互相比较发现，100℃以上水煮出来的面条比较硬、有嚼劲。因此，高温水煮液煮出来的意大利面比较美味。

但这样妄下结论有些操之过急，我又以纯水进行同样的实验，结果难以区分用中小火和大火煮的面条的差异。

为什么会这样呢？我灵光一闪，测量了含盐 25 克的水煮液的盐分浓度，中小火为 3.5%，大火为 4%。同样的水量与盐量，照理说盐分浓度应该会相同，但因为大火的水分蒸发较快，两者出现差异。也就是说，这个"差异"，可能不是因为水温不同，而是因为盐分浓度不同而产生的。

因此，这次我在大火那一只锅上加上防止煮开溢出的特殊盖子，抑制水分蒸发。中小火那只锅则不加盖。这样水的蒸发量应该就相同。

结果如何呢？两锅的面条差异不大。再严谨一点，我拿面筋块来做实验，同样感觉不出差异。接近 100℃时的微小温度差，对意大利面的弹力影响不大。这是在家进行双盲实验得到的结论。

的确，用大火煮的水温比较高，但是两者都是接近 100℃ 的热水，1℃产生的微小口感差异根本区分不出来。

没有面芯却有弹力

虽然感觉不到微小的差异变化，但若是沸点超过 100℃、温度大幅上升，情况又会如何呢？会不会比 100℃煮的面还要好吃？

我常用的压力锅沸点可以提升到 110℃（虽然没有打开锅

盖实际测量），沸点相差 10℃，或许差异会比较明显吧？所以，这次使用这个压力锅来进行实验。

除了锅具改变，其他条件比照标准煮法。在压力锅中加入 1 升的水和 10 克的盐，不盖锅盖加热，沸腾后放入意大利面条。从上面轻压，使面条完全浸泡到热水中，接着盖上锅盖提高压力，当锅盖上的安全栓升起后，转为小火。煮 9 分钟后移至水槽，从锅盖上方冲自来水——为了打开锅盖，必须先冷却锅具，降低内部的气压。

试吃后，结果令人惊讶，和一般烹煮的面条完全不同，非常滑溜顺口，口感 Q 弹且不易咬断，不是"啵"的一声断开的感觉，而是感到一阵阵抵抗、咬不断的口感。

面条吸水膨胀，但却完全没有嚼劲，感觉不到面芯。测量后发现，面条重量为干燥时的 280%，是标准煮法的 1.2 倍。相较于一般的煮法，面条吸收过多的水，水分梯度不明显。

但是，这却和"煮过头的意大利面"不同，带有弹力，口感像是手打意大利面（不是真的手打面条，而是揉面团等过程皆由工业用挤压式电动制面机代劳的弹性佳的生意大利面）。虽然和干燥过的意大利面条口感不同，但它也相当好吃。如同乌冬面一样，柔软和弹力共存，完全符合日本人的喜好。

压力锅的意大利面也不错

为了了解面条发生了什么变化，这一节我用压力锅水煮面筋和淀粉块来做实验。

压力锅煮的面筋几乎不会膨胀，保持高密度状态。这是因为锅内的压力大，气泡几乎没有膨胀，但市售的意大利面气泡含量本来就少，产生的影响并不大。咬下去后发现，压力锅煮的面筋口感比普通锅煮的更加弹。如同前一章提到的，加热会使水分子振动而破坏面筋的结构，造成面筋疏水性氨基酸外露至表面。分子与分子键结，使面筋变硬。温度越高分子振动越激烈，面筋也就越硬。

淀粉块也是相同情形，使用压力锅烹煮的淀粉块明显变硬，产生抵抗牙齿的强力嚼劲。这种抵抗的"咬感"，比起加入 25 克盐、用普通锅具烹煮的还要更有嚼劲。温度越高，淀粉越糊化。面条周围的黏滑状态就是表面淀粉粒崩坏的证据。而且，面条内部的淀粉粒在高温状态下，分子产生激烈的振动，迅速吸收水分膨胀，表面产生张力。

据说高压也会让淀粉的构造质变，但我没有找到相关资料佐证，无法证明为什么会产生这个口感。

面筋、淀粉块使用压力锅加热和使用普通锅具加热，明显产生不同的变化。尽管面条因为含水量增加而失去嚼劲，但却还是 Q 弹十足。

那么，如果压力锅意大利面含水率和普通的意大利面相同，会是如何呢？当然，我又进行了实验。调整烹煮时间，面条起锅时重 230 克。而使用压力锅时，面条烹煮 5 分 30 秒刚好重230 克，面条中间还留有细长面芯，是有嚼劲的状态。

这个压力锅煮的意大利面口感 Q 弹，有着像是淀粉产生的强劲嚼感，咬久了甚至会觉得下巴痛。这是非常新颖的口感。

就我个人来说，这个口感也很好吃。拿出这样的意大利面，不但能令人感到惊讶，还能觉得美味可口。虽然压力锅很重，清洗也不容易，但却有着缩短烹煮时间的优点。

然而，我并不认为以后用压力锅煮意大利面就好。如同前面提到的，现代意大利面的趋势是偏向硬脆的口感。也就是说，往偏硬方向钻研才是意大利面的主流。

在此稍微偏离主题，为了找到用压力锅将 100 克面条煮到230 克的重量所需要的时间，我分别烹煮了 3 分钟、3 分半钟、4 分钟……最后还必须吃掉各种煮出来的面条。然而，我却有意外的发现：即便是还留有许多面芯的意大利面，用压力锅煮依然非常好吃。

使用压力锅煮的意大利面非常硬脆，也就是面条几乎没有吸水，口感超有嚼劲，出人意料很好吃，这大概是中心部分经过高温加热的缘故。希望有一天我能解开这个秘密。

阿伦尼乌斯方程式

由前面的实验可知，沸点上升的确会增加意大利面的弹性。使用压力锅煮意大利面，沸点上升 10℃以上，口感会明显不同。

而且这样做烹煮时间还变短了。为什么沸点上升，烹煮时间会变短呢？我现在用阿伦尼乌斯方程式来说明。

阿伦尼乌斯方程式是用来预测在某温度下的化学反应速率的，这种化学反应速率可用于工业制品的耐久性等测试。比方说，厂商想要调查某种药品在室温 25℃时质量能保持几个月。然而，真的在 25℃的环境下测试太耗费时间，所以会改在室温 40℃的环境下做测试，再将测试结果带入阿伦尼乌斯方程式，计算不同温度之间反应速率的关系。

由阿伦尼乌斯方程式可计算得知：温度 40℃的化学反应速率是 25℃时的两倍。也就表示，理论上若在 40℃时测试需要耗费 3 个月，在 25℃时测试需要耗费 6 个月的时间。即便没有真正在 25℃的温度下做耐久性测试，厂商也能推测药品的有效期限为 6 个月。

"活化能"（使物质发生化学变化所需要的最低能量）为 50千焦／摩尔，由这个方程式可知，沸点 110℃时的化学反应速率是沸点 100℃时的 1.52 倍（由于计算过程过于复杂，这里仅出示计算结果）。结论是，温度相差仅仅 10℃，反应速率可以相差到 1.52 倍。

也就是说，若 110℃烹煮需要 1 分钟，那 100℃烹煮则需要约 1 分 30 秒。使用压力锅将 100 克面条煮到 230 克的重量需要约 5 分 30 秒，换成一般的锅具以 100℃烹煮，相当于需要约 8 分 22 秒。再加上压力锅用水冷却需要约 30 秒的时间，这样换算一下，也就是接近 9 分钟的标准烹煮时间。

虽然沸点上升 10℃会造成这样的差异，但 1 升的水加入 25 克的盐，沸点仅上升 0.45℃。代入阿伦尼乌斯方程式，化学反应速率也仅变成 1.02 倍而已。

用 100.45℃的水烹煮 1 分钟，也只相当于 100℃烹煮约 1 分 1 秒。就算全部煮到 9 分钟，两者之间也仅差了 9 秒的时间。这与用捞面勺捞起意大利面、用夹子夹到平底锅，所产生的误差，并没有太大的差别。

的确，加盐会使沸点上升，沸点上升会使面条更有弹性，这种说法没有错误，但仅 0.5℃左右的沸点上升，对意大利面并不会有影响。这是我得到的结论。因此"加盐是为了让沸点上升以使意大利面更有弹性"只是没有根据的说法而已。

当然，若加盐使沸点上升 10℃，那就另当别论了。理论上，沸点要上升 10℃，1 升的水需加 562 克的盐才行，但是这么多盐是没有办法完全溶解的，饱和食盐水的沸点上升不过只有 7℃。

这里叙述这么多却只得到预料中的结论，我感到非常抱歉。（其实，我真的很想写"0.1℃的沸点变化会大大影响意大利面的口感，盐分的拿捏必须非常小心"！）

放入比较多的盐的确能改变意大利面的口感，但这并不是因为沸点上升，而是因为盐本身增加了面条的弹力。

探讨水煮液的黏稠程度

盐除了增加面条的嚼劲，也会改变口感。盐放得越多，面条表面的黏滑感就越少。

水煮液放入较多的盐能够抑制糊化作用，减少淀粉崩坏的情形发生。此外，盐还能够强化面筋的网状结构，使包覆在面筋里面的淀粉也不易崩坏。所以，用纯水烹煮的面条比用食盐水煮的要黏滑，就是因为表面的淀粉崩坏流失到水煮液中了。

面条的黏滑减少，也就表示流失到水里的淀粉变少，并能够有效防止水沸腾溢出。

水煮液沸腾之后，水蒸气会从锅底变成气泡大量涌至水面。这些气泡到水面就会破掉消失，但若是水煮液带有黏性，气泡会变得不容易破掉，水面的气泡会越来越膨胀，最后溢出锅具。这就是煮到溢出来的真相。多放点盐能够减少水煮液的黏稠程度，也就能够防止煮到溢出。

另外，水煮液变黏稠还表示意大利面的重要养分流失了。

盐能够增加面条弹性，也能防止淀粉的养分流失。水煮液黏性减少，自然能防止溢出。如果不怕味道过咸的话，我们多加一点儿盐有许多好处。

粗盐与精盐

我在前面验证了盐的"量"，接着来探讨盐的"质"。

我想要讨论盐的"质"，是因为听说含氯化钠99%以上的精制食盐和含卤水等物质的粗制海盐，会使意大利面产生不同的咸味。

所以，我拿出平常爱用的冲绳海盐——粟国之盐来做实验（图2.3）。用这种粗海盐煮的意大利面，和用一般食盐煮的相互比较，结果真的是使用普通食盐烹煮的咸味比较明显。进行双盲实验时家人正确区别两者的概率高达九成。

图2.3　冲绳的粟国之盐含有大量的矿物质

但是，这可能是因为舌头能区分出粗海盐中的矿物质的味道。我试着用盐分计测量，粟国之盐的盐分浓度几乎都低于 0.1%。考虑到家庭用盐分计的精密度，这个 0.1% 仅是作为参考。

若以美味程度来讲，使用粟国之盐烹煮的比较好吃。试喝水煮液，我发现粗海盐的味道比精制盐的层次更为复杂。这种差异对煮好的意大利面很微妙，若蘸浓酱汁食用，你可能难以发觉其中的差异，但就简朴的蒜辣意大利面来讲，这个差异却有加分的效果。

粗盐可增加面条弹性

其实，就提升美味而言，使用含卤水成分的盐效果更好。

大家有没有听过，意大利面用硬水煮比较好吃？所谓的硬水，是指含有大量氯化钙、氯化镁离子的水，软水则是几乎不含这些物质的水。

镁离子和钙离子皆带有正电荷。前面提过，麦谷蛋白所含麸氨酸的负电荷会和钠离子中和，但因为钙离子比钠离子更容易发生中和作用，反而使麦谷蛋白的结合更强。所以使用硬水烹煮，面筋的弹性会增加，变得更加硬脆。

对淀粉来说，这些离子不会有影响。镁离子和钙离子会抢夺淀粉周围的水分子，抑制糊化。同时，这些离子还会进入淀粉粒，使淀粉膨胀。也就是说，面条能够Q弹，又保有嚼劲。

这就是为什么使用硬水烹煮意大利面会比较好吃。卤水的成分中有镁离子和钙离子，加入含有卤水的盐，能够使普通的自来水也变成硬水。

每 100 克粟国之盐含有 550 毫克钙、1530 毫克镁。1 升的水中加入 10 克的粟国之盐，水中也就溶有 55 毫克钙、153 毫克镁，达到硬水的标准。

顺便一提，日本常见的硬水是依云（evian）矿泉水，每 1 升含有 50 毫克钙、26 毫克镁。以超硬水闻名的意大利矿泉水库马约尔（Courmayeur），每 1 升含有 530 毫克钙、70 毫克镁。

含有卤水成分的盐不仅能增加味道，还能强化面条弹性。但是，含有卤水成分的粗海盐，会因为品牌不同而钙、镁含量有所差异，请尽可能选择含有较多钙和镁的盐。

使用岩盐没有意义

得到粗海盐的实验结果后，我还想实验岩盐。然而，结果和食盐没有太大差别。我使用盐分浓度计测量，得到的数值也相同。

这也是理所当然的。根据原日本盐工业会顾问——尾方升氏在官网上写的《盐的情报室》一文，和食盐一样，岩盐在不含矿物质成分的前提下，所含氯化纳和食盐相同，占了99%以上（有些产品会添加镁，氯化纳含量变为98%左右）。岩盐是长时间自然精制而成的高纯度的氯化钠结晶。

日本容易购置的岩盐，大多是用溶解法精制而成的。将岩盐溶入水中再烹煮，显现的特性和食盐相同。我烹煮意大利面时使用的就是溶解法岩盐，拿来和食盐做比较，没有太大的意义。

然而，有些岩盐不是用溶解法制成的，而是直接从矿床中采取的。虽然这种岩盐含有不纯的物质，但同样几乎不含镁等其他矿物质成分。采掘岩盐和精制盐最大的不同是采掘岩盐比较硬且难溶解（图 2.4）。

图 2.4　溶解岩盐（左）和采掘岩盐（右）皆不含矿物质

"才没有那回事，岩盐带有的甜味很好吃。"也许有些人想这样反驳。我实际试舔采掘岩盐，的确尝到了甜味。然而，根据尾方先生的说法，这是因为岩盐溶解较慢，所以微微的咸味会引发甜味。

使用采掘岩盐烹煮的意大利面与用普通盐煮的相比，难以区分其中的不同。就算试喝水煮液，我也无法辨别味道上的差异，感觉不到甜味。虽然有些意大利料理师傅建议使用岩盐煮意大利面，但我认为其实没有什么意义。

欧洲人使用的盐是岩盐，而且是以溶解岩盐为主流。但是，欧洲人平常使用的水是硬水，烹煮意大利面时，水中本身就含有镁和钙。然而，日本是使用软水的国家，所以需要添加含有卤水成分的海盐，水煮液才会含有镁和钙，达到相同的硬度。

这样比较起来，不如干脆多花一些钱，加入含卤水成分较多的海盐，我们就可以煮出更好吃的意大利面。

煮面的水越多越好吗？

前面我们讨论了盐，最后来谈谈水。首先，探讨一下烹煮时需要的水"量"。

一般人会认为煮意大利面时水越多越好。水放越多，面条也就能越快全部浸泡到水煮液中，煮得均匀。锅中的空间够大，面条不会缠在一起，而且水煮液黏性也比较低，能够防止煮到溢出来，好处多多。

但是就算这样，只是煮一人食用的 100 克意大利面而已，没有必要拿出巨大的高身汤锅，放入 10 升的水烹煮。现在我们来讨论，意大利面从开始到全部浸到水煮液中需要多少水量。

假设使用一般常见的圆筒形锅具，内径 20 厘米，对角线能够放入长 25 厘米的意大利面条，由勾股定理计算可知面条全部勉强浸水的高度为 15 厘米（图 2.5）。这样的情况下，水量为 $10 \times 10 \times 3.14 \times 15 = 4710$（立方厘米），约等于 4.7 升。

内径 20 厘米、高 15 厘米以上的锅具还算容易购置。然而，放入 4.7 升的水，要达到标准煮法的 0.99% 盐分浓度，需要加入 47 克的盐。若想要用高浓度食盐水烹煮，需要的盐量多到吓人。

煮好意大利面，水和盐多半会直接倒掉，这样反而很浪费。

图 2.5　由勾股定理计算浸泡面条的水高

多煮 1 分钟

冷静想想，刚开始烹煮时部分面条没有浸到水煮液，这样会有很大的影响吗？这有必要通过实验确认。

我爱用的锅具贝印牌深底锅 3 号内径 14 厘米、高 12 厘米，往里头放入 1 升的水，水高 6.5 厘米。采取斜放，面条仍会超出锅缘，水煮液只能浸到面条下面 10 厘米左右，上面约有 15 厘米露出水面，那么就以这样的状态开始烹煮。

水滚后放入意大利面，用锅盖、夹子将面条压入水中，1 分钟内面条就能全部浸到水煮液中。

试吃煮好的意大利面，面条的软硬不均并不明显。一开始有 1 分钟露出水面的部分，吃起来有些硬却十分好吃，将面条全部浸入水中后，就难以区分出不同。整体来讲，相较于一开始就全部浸到水中烹煮的，露在外面的面条有些硬，但并不会觉得煮得不均，吃起来相当美味。

那么，煮得不均要到什么样的程度才会有影响呢？经过实验发现，若面条未浸到水煮液的部分露出水面长达 2 分钟，那么这部分的口感相当硬脆，就算和其他部分混在一起，还是会对整体带来负面影响。

一部分面条不浸在水煮液也不会带来影响的时间，和意大利面好吃的烹煮时间长短有关，虽然这只是我个人的感觉。百味来的 1.7 毫米直面，依照标准时间（9 分钟）烹煮时前 1

分钟左右未浸到水中的部分依然美味可口，但若达到 2 分钟左右，面条就会硬度不均。所以，开始煮的前 1 分钟左右，面条不用全部浸泡水煮液，也能煮得好吃。这个时间会因面条的种类、品牌有所不同，因此请使用你常用的面条做测试。

由这个实验可以得到结论，若能在 1 分钟内使意大利面全部沉浸到水煮液中，就没有必要一开始使用大量的水浸泡全部的面条。

然而，没有浸泡的部分会出现另一个问题。面条溢出锅外的部分，会因为锅灶的火候而变白，也就是容易烧干。被烧干的部分就算水煮也不会变软，由此影响意大利面的口感。火候过强，火和面条太过接近就容易发生这个现象，使用浅锅烹煮面条时要特别留意。

另外，露出水煮液叠在一起的面条，接触到蒸气后会黏成一团。这样就算浸到水煮液中，也没办法完全煮熟，面条因此变得软硬不均。

因此，虽然面条不用一开始就全部浸泡，但尽可能使用较深的锅具还是有必要的。还有，为了不使露在锅外的面条粘成一团，应尽快将面条压进水煮液中。

硬水或软水？

接下来讨论水"质"。

我们最需要注意的是硬水和软水的不同。在日本，除了冲绳，大部分地区都是使用软水；意大利的水则是含较多钙离子的硬水。也就是说，地道的意大利面是使用硬水烹煮的。

如同前面关于盐的解说，镁离子和钙离子有着增加面筋弹性、抑制淀粉的糊化、提高黏度的功能。

在那不勒斯的郊区汲取硬水来煮意大利面，面条的确比较硬脆，口感与众不同。

然而，生产百味来等品牌的意大利面工厂已研发出用软水煮也十分有弹力的面条，所以水质已经没有太大的影响。若是使用传统制法的意大利面条，那就另当别论。传统的意大利面用自来水烹煮，无法煮得非常有弹性，但改成用硬水煮，能够明显感受到面条的弹性。

若想要在特别的日子里，为特别的人煮出特别弹的意大利面，我推荐使用硬水烹煮。或者将矿物质成分较多的海盐加入自来水中，你就能得到接近硬水的效果。考虑到成本问题，也可以直接使用自来水。

水的酸碱性

煮意大利面时，要使用酸性水还是碱性水呢？

日本的自来水的 pH 为 7—8。也就是说，我们平常都是使用中性水煮意大利面的。若是改用酸性水或是碱性水，会发生什么样的变化呢？

我找到汲取自日本温泉地区的矿泉水，用来煮面后发现面条有很大的变化。有趣的是，面条的香味、口感都变得很像拉面。

一方面，pH 越高（偏碱性），面筋的结合越坚固，会促进淀粉糊化。口感的变化大概就是这些缘故。在揉制拉面的面团时，为了产生独特的口感，拉面师傅会加入碱性的"碱水"，所以碱性的水煮液也能达到类似的效果。

另外，碱性水煮的面会产生拉面的味道是因为铵离子。面筋所含的麸氨酸和天门冬氨酸在碱性的环境下会游离出氨。这就是产生拉面香味的原因。

虽然这种独特的口感很有魅力，但若不是刻意想要制作给人惊喜的"拉面风意大利面"，就没有必要使用碱性的水。

另一方面，使用 pH 低（弱酸性）的水会切断面筋的结合，使得意大利面失去弹性，而且酸会分解淀粉中的直链淀粉和支链淀粉。虽然面条内的淀粉粒不易受到酸的影响，但没有必要刻意使用酸性的水。

第三章

意大利面条的选择

面条表面光滑或粗糙的差别

第二章我们讨论了盐和水的变化对意大利面的影响。本章我想要探讨意大利面条：适合做蒜辣意大利面的面条，应该选择什么样的呢？

意大利面条常见的区分方法为"制面模具"和"干燥方法"。

意大利面是将揉好的面团放入压面机中，以制作凉粉的要领，慢慢施加压力挤出细长形状的面条而成的。压面机前端有许多小孔的模子就是制面的模具。

干燥意大利面条传统上是用青铜制的模具，但1958年百味来公司研发出了合成树脂的模具。这种模具较为光滑，摩擦系数较小，更容易挤压面条。而且它不容易耗损，可提升模具的耐久性，适合工厂等地方大量制作面条。

树脂制的模具是用聚四氟乙烯、聚碳酸酯、聚乙烯等制成，商标名为"TeflonR"，一般称为"铁氟龙模具"。一般说的"不粘锅的氟树脂加工"，实际上使用的就是聚四氟乙烯。

使用铁氟龙模具压制的意大利面条表面光滑、少凹凸，面条的表面积小，使得淀粉的流失减少，水煮液不易混浊。而且，水分渗透面条的速度变慢，能够保持面条的嚼劲。

相对地，青铜模具表面粗糙，挤压面条时的摩擦较大，模具容易磨损，耐久性比铁氟龙模具低。而且，和面团的摩擦容易造成模具的孔洞变大，压制成直径不一的意大利面条，不太符合近代大量生产的趋势。

青铜模具压制的意大利面表面粗糙，优点是面条更容易蘸取酱汁，非常吸引人；缺点则是面条的表面积大，淀粉的流失多，水煮液容易变黏稠，面条的水渗透速度快，没有办法长时间保有弹性（图3.1）。

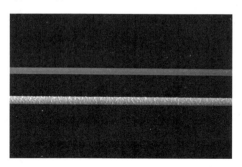

图3.1　用铁氟龙模具压制的面条（上）表面光滑，用青铜模具压制的面条（下）表面粗糙

面条的干燥过程

　　意大利面的面条，除了分为铁氟龙模具制作和青铜模具制作两类，还有高温干燥和低温干燥两类。刚从压面机制出的面条处于湿润状态，必须经过一些工序制成干燥的意大利面。干燥的方法就是高温处理和低温处理两种。

　　一般来说，铁氟龙模具制出的面条用的是高温干燥法，而青铜模具制出的面条则是低温干燥法。

　　以前的意大利面是放在户外日晒干燥。所以，干燥意大利面的原产地传统上是西西里岛、那不勒斯郊区等南意大利干燥区域。16 世纪，意大利面制面机发明后，在南意大利用青铜模具制成的面条都会充分被日晒干燥。

　　一方面，接近这种传统日晒干燥的干燥条件就是意大利面的低温干燥。因此，得科等坚持传统制法的品牌和南意大利的小型意大利面条工房，反而使用青铜模具来制作低温干燥的意大利面。低温干燥的意大利面，因为没有经过热变质，所以面条带有浓郁的小麦香。

　　另一方面，百味来和多数的日本知名品牌都采用铁氟龙模具的高温干燥方式。高温干燥会使小麦的香味因热变而流失，但短时间内的干燥方式生产效率比较高。面条能够量产，也就能以较便宜的价格来供应市场。而且，高温干燥法能够产生硬脆的口感。

当然，"铁氟龙模具搭配低温干燥法"或是"青铜模具搭配高温干燥法"这样的组合也可以，但是使用铁氟龙模具，就算低温干燥也没有办法标榜自己是"传统意大利面"；使用青铜模具，就算高温干燥，也没有办法大量生产。

意大利托斯卡纳区的法布芮（Fabbri）品牌贩卖"铁氟龙模具搭配低温干燥法"制成的面条，但是这是非常罕见的例子。一般来说，意大利面的制法只有两种："青铜模具搭配低温干燥法"（意大利面表面粗糙、口感偏软、带有浓郁小麦香），或是"铁氟龙模具搭配高温干燥法"（意大利面表面光滑、口感偏硬、带有些许小麦香）。

但是，并不是说传统制法的意大利面很棒，现代制法的意大利面很差。

"铁氟龙模具搭配高温干燥法"制出的意大利面表面光滑，口感硬脆。就蒜辣橄榄油意大利面来说，为了彰显橄榄油滑顺的口感，表面光滑的面条比较适合。

面条表面光滑，表面积较小，水分渗透也较慢，比较能保持Q弹，对烹煮时间不需要那么严苛。煮给朋友吃，也不用催促："赶快吃，不然会烂掉！"烹煮的时候，面条不容易粘住，也不容易煮到溢出来。谁都能容易上手。

许多专业厨师喜欢光滑面条不易煮烂的优点，于是纷纷选择"铁氟龙模具搭配高温干燥法"制出的面条，因为他们总不可能直接催客人快点吃。而且，有许多厨师认为，搭配酱汁食用，强烈的小麦香会干扰整体风味，因此反而不会选用低温干燥的青铜模具面条。

89

第三章　意大利面条的选择

烹煮时间与最佳时间

到此为止，我都是以百味来的直径 1.7 毫米的面条为“标准”面条，反复进行多项实验。这种用“铁氟龙模具搭配高温干燥法”制成的面条，越使用越觉得真的很出色，可以说是经过重重钻研与改进，研发出的令人惊艳的制品。

实际上，刚开始进行实验时，我几乎动不了笔。不管怎么做实验，都没有什么差异。后来才发现，这是因为“百味来现代意大利面条的优异性”。

我最先做的实验是烹煮时间的验证，在锅具中装入 1 升水和 10 克盐，沸腾后放入 100 克百味来意大利面条。

烹煮时间以外包装上标示的标准 9 分钟为基准，我尝试了不同的时间——8 分 30 秒、8 分、7 分 30 秒、7 分——每次都减少一点时间；以及 9 分 30 秒、10 分、10 分 30 秒、11 分，每次都增加一点时间。

基于这样微小的时间差，口感会有什么样的变化呢？当时我非常期待结果，因为经常可以看到类似这样的叙述：“细长状的意大利面接近理想起锅时间，口感会不断变化。一不小心错过理想口感的最佳时间点就会前功尽弃。"所以，我绝对不能错过"最佳时机"，实验时真的是剑拔弩张。

但是，结果却出乎意料。

煮 7 分钟的口感当然是非常的硬脆；煮 8 分钟的有些硬脆，十分好吃；煮 8 分 30 秒、9 分 30 秒和煮标准时间 9 分的差异不大；煮 10 分钟的还带有嚼劲，十分好吃；煮 11 分钟的偏软但有弹力。虽然，煮不同时间的面条口感会有所差异，但都没有夸张到"前功尽弃"的程度。

对意大利面的各个部分都非常考究的这本书来说，我应该写"微小的几秒之差会大大影响面条的风味"而不是"烹煮时间差不多就可以"！

为什么结果会是这样？实验的方式出现问题了吗？当时我没有怀疑"不断变化"的说法，结果碰了一鼻子灰。

为什么烹煮时间不必严格？

后来在一次偶然的机会下，我拿出很久没煮的"青铜模具搭配低温干燥法"制出的面条来烹煮，结果没有注意时间，不小心就煮过头了，那时我才发现百味来品牌的优异性。

现在回头想想，这就可以说明为什么即便煮超过标准时间 2 分钟，"铁氟龙模具搭配高温干燥法"制出的意大利面仍然一样好吃：它拥有光滑的表面，水不易渗透，淀粉不容易崩坏。面筋的网状结构仍保持坚固，也就保有了弹性。所以即便煮到 11 分钟，面条仍然好吃。虽然面条不是很有嚼劲，但口感相当 Q 弹。

然而，当时我还没有区别嚼劲和弹性的不同，只能抱头苦思。

只是碰巧选择了百味来意大利面作为标准，若当时选择"青铜模具搭配低温干燥法"制出的曼西尼（Mancini）牌意大利面作为标准，我或许就不会注意到现代制品的优异性。

曼西尼（直径 1.8 毫米）的面条煮 9 分钟，重量约变成之前的 230%。这个时间刚好，若煮到 10 分钟，面条会太软。

至此，我对盐和水进行了许多啰嗦的验证，却没有详细写明烹煮时间。我的结论是，使用百味来品牌这种现代的"铁氟龙模具搭配高温干燥法"制出的意大利面，烹煮时间就不需要那么严格。但若是使用传统的"青铜模具搭配低温干燥法"制出的意大利面，不同的品牌会有很大的差异，无法以一概全。

另外，考虑到盐量等变化能够增加面条弹性，即便没有严格遵守烹煮时间，你也能煮出有弹性的面条。若起锅后还想用平底锅加热，烹煮时间也必须做调整。然而，对嚼劲的感觉是见仁见智的，所以我没有办法明确说烹煮时间为多少分钟，还请大家见谅。

多亏这烦恼，使我下决心彻底调查原因，也使我对面筋、淀粉的变化以及原有的口感产生了和过去不同的全新观点，也发现了嚼劲和弹性的不同。因为对细节的坚持，我才能比当初预想的更深入地了解意大利面。这真的是很珍贵的经验。

经实验发现，现代的意大利面产品都是很棒、很惊人的产品。

现代意大利面追求的口感？

其实，"铁氟龙模具搭配高温干燥法"制出的现代意大利面除了容易烹煮，口感也相当不错。

若用高温快速干燥，面条会出现裂痕，所以现代面条制造商会在湿度 60%—90% 的湿润状态下干燥面条，这种做法会强化麦谷蛋白的键结，部分淀粉糊化使得面条的硬度增加，口感更为硬脆。虽然这个过程会削减小麦的香味，但反而增加了意大利面特有的 Q 弹硬脆口感。

很多人会认为，工厂大量生产的意大利面的质量一定会输给小型工坊的手工面条，但现代面条却带有"青铜模具搭配低温干燥法"制出的面条所没有的口感。

那么，"铁氟龙模具搭配高温干燥法"制出的面条和"青铜模具搭配低温干燥法"制出的面条，哪个比较适合做成蒜辣意大利面呢？

这个答案和蒜辣意大利面的定义有关。我在序章中提过"蒜辣意大利面是使情绪亢奋的刺激性料理"（刺激性会在第六章说明，主要与大蒜、辣椒有关），由这点来看，答案就非常明显。

就刺激性来说，"铁氟龙模具搭配高温干燥法"制出的面条的硬脆、滑顺感是刺激的口感；而"青铜模具搭配低温干燥法"制出的面条的不怎么硬脆的黏感也是刺激的口感。也就是说，硬脆、弹性都适中、平均的意大利面最不符合蒜辣意大利面的要求。

所以要追求什么样的刺激，就决定了使用哪种制法的意大利面。

细面或粗面？

还有一个煮蒜辣意大利面时会碰到的问题，那就是该使用多粗的面条？

我吃过各种店家的蒜辣意大利面后发现，许多餐厅都是使用较细的细长状意大利面 Spaghettini（直径 1.7 毫米左右）。这应该是基于商业上的考虑，较细的面条比较快熟，不会让客人等太久。

的确，将细面煮得有嚼劲、口感硬脆也容易蘸匀酱汁。但是，这较多考虑的是料理人的方便。

虽然说应该选择细面，但若使用被称作"天使的发丝"的 Capellini 等直径 1 毫米左右的细面条，结果就不尽人如意了。它被放入平底锅用热烫的酱汁拌匀时，反而会过熟，变得软烂易断。加入太多油，面条又会变得黏糊。起锅后先用水冷却再拌匀酱汁，虽然能够避免面条过于软烂，但细面条会变得太油。

标准煮法则是使用直径 1.7 毫米的面条，只是因为这是市面上常见的面条，适不适合被做成蒜辣意大利面就是另外的问题了。实际上，用这种粗细的面条煮蒜辣意大利面没有什么缺点，味道也没有问题，但难以和美味画上等号，只能说是不好不坏。

那比标准面条粗一些呢？用 1.9 毫米的 Spaghetti 面条存在感增加，口感就不会被大蒜和辣椒掩盖。

面条更粗，如直径 2.1 毫米左右的意大利面 Vermicelli（令人混淆的是，Vermicelli 的英文还可指米粉、越南河粉等世界各地的极细面），存在感更为凸显，相当 Q 弹带劲。面条味道不输给大蒜和辣椒，且有着浓郁的小麦风味（图 3.2）。

接着，我们改变面条的形状。剖面为四方形的 Chitarra，口感和圆形面条迥异，非常新鲜刺激。我也相当推荐这种面条。

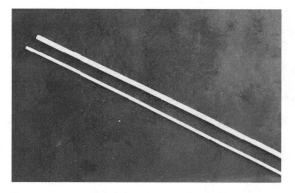

图 3.2　Vermicelli（右）和 Spaghettini（左）的粗细差别很大

　　但是，形状不同就可以说是带有刺激性吗？不尽然是如此。

　　我尝试使用短螺旋面 Fusilli，口感非常糟糕。果然，长条意大利面特有的滑顺感和咬下去回弹的口感，是蒜辣意大利面不可或缺的要素。

　　若要从中选择一种，我推荐 2.1 毫米的 Vermicelli。特别是小型工坊用"青铜模具搭配低温干燥法"制成的面条，味道、香味都不比大蒜和辣椒逊色。使用第四章介绍的"决胜蒜辣意大利面煮法"，面条弹力是也绝对没话说，几乎咬不断的黏性和弹性刺激着口腔，能够称得上是极品的蒜辣意大利面。

长度 17 厘米最适中

接着我们来探讨一下意大利面的长度。长面条还是短面条会比较好吃？让我们来比较一下。

据我所知，现在日本地区能够购得的意大利面产品，最长的有 1 米左右。通常是在一半的地方用竿子挂起干燥，面条呈现 U 字形。所以，虽然全长有 1 米，但包装起来会变成 50 厘米左右（图 3.3）。

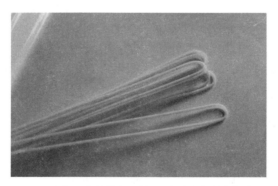

图 3.3　市售 1 米长的意大利面，但中间部分会折成 U 字形

弯曲的部分比较脆弱，所以很多面条容易在 U 字拐弯的地方断裂，我们尽可能选没有断掉的面条，放入大型的高身汤锅烹煮。这种长度的意大利面原本应该是先折断，但为了实验长面条是否好吃，所以我直接保持 1 米长下水煮。

当然，我也准备了其他长度的面条。将 1 米的面条对半折断，做成了 50 厘米的面条，以及一般市面上贩卖的 25 厘米面条。另外，还有标准面条三分之二的 17 厘米、对半的 13 厘米以及三分之一的 8 厘米面条。

以这 6 种长度的面条分别做蒜辣意大利面，每种都是用标准煮法烹煮，淋上相同制法的酱汁（酱汁的制作会在第五章详细说明）。

严格来讲，味道差别不大，但以是否容易食用来看，它们之间就有很大的区别。

从长度短的讲起，首先是 8 厘米的面条，用叉子非常不方便食用。因为没有办法顺利缠卷面条，结果变成要用叉子捞起面条，更惨的是，面条还会从叉子上滑落。就算和汤匙并用，还是很不方便食用。

平常吃意大利面时，盘中通常会留有咬断的短面条，难以用叉子舀起，难以顺利吃进嘴巴。最后受不了了，只好将嘴巴靠近盘子……这样的经验，大家应该都有过。而现在是整盘都是那样的短面条，不仅食用不方便外观也变得很奇怪。

而 13 厘米的面条就比较容易食用。但是，用叉子缠卷面条时，酱汁容易到处飞溅。还有，面条在嘴里产生的弹性快感减少了。这让我了解到以叉子缠卷放入嘴中，咬断面条时产生的弹性，必须是面条有一定长度时才会发生的。

符合条件的就是长度为 17 厘米的面条，非常容易食用，外观也很正常。口感和 25 厘米的差异不大，酱汁也不容易飞

溅。就烹煮、食用的方便性来讲，这个长度比标准 25 厘米的
还好。

但是，我碰到了一个问题。为了达到三分之二的合适长
度，实验前需用剪刀一根根剪面条，但平常怎么可能做到呢？
就算想一次将所有面条剪成三分之二，由下一章可以知道，那
是极为困难的事情。而且，不管剪得多么漂亮，一定会剩下三
分之一的"副产物"，这也很令人头疼。

其实，日本有直接卖 17 厘米意大利面的厂商，但种类比
较少。所以，非常遗憾，若你对意大利产的面条有所坚持，或
是想要享受手工面条特有的小麦香味，就只能放弃这种长度。

意大利面的主流长度

那么，若是使用比标准 25 厘米还长的面条会如何？

50 厘米的面条，要用叉子卷很多圈，终于卷完的时候，面
团变成一大块，难以吃进嘴里。一次吃下这样大量的面条，许
多面条会跑出嘴外悬晃，你只能将悬晃的部分咬断，别无他
法。这样不但不雅观，嘴边也弄得满是酱汁。

最后，1 米的面条实在是太长，吃起来大概只会令人发
笑。索性用叉子卷啊卷，最后会卷成巨大的团块，根本放
不进嘴里。

我个人认为面条长度为 17 厘米最佳，但如同前面提到的，一条一条地剪太不切实际。第二佳的是 25 厘米的长度，这和目前普遍使用的面条长度相同。

过去的主流是长到难以食用的意大利面条，为什么现在的主流会变成 25 厘米长呢？

令人遗憾的是，我还没有找到答案，所以只能叙述我的想象。在 50 厘米处弯成 U 字的 1 米长的面条，就过去手工生产意大利面条而言，可能是比较容易处理的长度。或许是工厂方便处理，或许是这种长度比较适合一次晒干大量的面条，又或许是运输方面的考虑。

这完全是为了生产者、物流业者的方便，无视消费者。他们大概认为，消费者会自己折断，不会在意面条的长度吧。

用手将意大利面条折成三分之二的长度并不容易，折一半比较简单。比如 50 厘米的面条，从中间折一半后就变成 25 厘米，因而厨房中烹煮的面条变成以 25 厘米的长度为主流。

会不会是因为这个长度易实现而被认为是标准，所以市面贩卖的面条大多都是 25 厘米呢？以物流的角度来看，相较于 1 米的面条，25 厘米的不容易折断，一包可以装入较多的面条，对生产者是有好处的。

抓食的喜悦

19世纪末，意大利的庶民还是用手抓食意大利面。若真的想要验证面条容不容易食用，就应该仿效传统用手吃，所以我也尝试了一下。

用手抓起意大利面，脸面朝上，嘴巴张开，将摇晃的面条前端放入口中，接着手往下移动，使面条全部进入嘴里。

果然不出所料，面条摇摇晃晃弄得酱汁到处飞溅，不但难以放入口中，面条也会粘在嘴巴周围。然而，若不在意酱汁飞溅，50厘米的面条竟出乎意料地容易食用（1米长的就有点勉强了）。手真是很厉害的部位，抓起面条的时候，自然会控制力道，使面条不会垂得太长。

不管怎么说，这个"前端摇晃抓食"已经不是容不容易食用的问题，而是一种非常欢乐的行为。用嘴巴接住从手中垂下的摇晃的面条，像是在玩游戏一样，孩子们可以玩得不亦乐乎。若面条一不小心跑到孩子的鼻孔，便引来哄堂大笑。

体验过这样的欢乐，倒不如说17厘米以下的长度根本不好玩。用高身汤锅煮好50厘米长的面条，准备刨好的帕玛森奶酪和西红柿肉酱，穿上弄脏也无所谓的衣服，开办"抓食意大利面派对"，那肯定是非常有趣的情景（图3.4）。

说点题外话。意大利著名的新闻记者兼料理研究家维森佐·博纳西西（Vincenzo Buonassisi），在他的著作《新意大利

图 3.4　即便到了现代，路边摊的意大利面仍是用手抓食，这是非常理所当然的事情

面宝典》（*Ll Nuovo Codice Della Pasta*）中，记述了关于手抓和叉子食用意大利面的趣闻。

　　热爱意大利面的 15 世纪那不勒斯国王斐迪南二世，想在宫廷宴会中大啖意大利面。然而，对礼仪非常严苛的礼宾官实在无法接受用手抓食的庶民料理。直到有一天，国王再也无法忍下去，这位礼宾官才想到可以将叉子做成四齿状。虽然那时候已经有叉子了，但还是三齿的，不适合用来食用意大利面。

　　这是亨利·波卓斯基（Henry Petroski）的设计史名著《日用器具进化史》（*The Evolution of Useful Things*）里没有记载的趣闻。虽然无从得知真伪，但对意大利面爱好者而言，这是一件令人兴奋的逸事。尤其那不勒斯国王想吃意大利面而无法忍受的经历，相信喜欢意大利面的人都能感同身受。

第四章

这就是最佳煮法

从常温水开始煮会如何？

前几章设定了标准煮法，也一一验证了盐、水、意大利面条这几样要素。现在则是重新审视煮法本身，再次检视水沸腾后放入面条的做法是否合适。

理所当然地，我们会将面条放入沸腾的热水中。但是，真的就只有这种煮法吗？比方说像煮马铃薯一样，我们将面条直接放入常温水烹煮会如何？赶紧来试试看。

用常温水煮的最大问题是面条变软的速度太慢，全部浸泡到水煮液中非常花时间，不像浸泡到沸腾热水中能够迅速变软。

如同第二章提到的，百味来面条在 1 分钟以内未浸泡到热水中不会有太大的影响。然而，我们用常温水煮面条，面条会有长达 5 分 30 秒的时间未浸泡到水煮液中，这实在不容忽视。

当然，我们使用大一点的锅盛满水，面条一开始就能全部被浸泡，但是水量越多，沸腾所需时间也越长。这代表面条会长时间泡在温水中，变得过于软烂，因为温水容易促使淀粉糊化，使得水分很快渗透到面条中心附近。

将意大利面的面条折半

到达沸腾所需要的时间太长是最大的问题，如果可以我希望用同样的锅具、同样的水量，看看常温水烹煮面条的结果。如果想要比较味道的话，变动的要素越少越好。所以，我决定将意大利面条折半。

这里的"折半"并没有太深的意义，仅是因为折一半比较方便。要折断坚硬的干燥面条并不容易。在撰写本书的时候，我试过好几次将面条折半，但要折得刚刚好非常困难，结果厨房里到处都是长短不齐的面条段。

面对折面条的难题，我想起 2006 年得到搞笑诺贝尔物理学奖的论文，其独创的研究内容非常有趣。

我们用手捏住意大利面条的两端施力，以期将面条折半，但大多数情况会折成三段以上（在 YouTube 上输入关键词 "break spaghetti"，便能看到面条断成三段以上的慢速动作画面）。这篇论文就是两位法国物理学家验证其中技巧的研究成果。

因为面条内部会产生"弹性波"，所以无法干脆地折成两半，反而会断成三段以上（当然，详细的物理理论，我几乎无法了解）。关于这种现象，据说连搞笑诺贝尔的得主并以费曼物理学闻名的理查德·费曼（Richard Feynman）教授也感兴趣。

所以，我以尽可能不会产生弹性波的方式来折意大利面条。我不是握住两端突然用力，而是用两手握住中间，慢慢施加力气。这样一来，虽然还是会产生面条碎屑，但面条几乎都能顺利被折成两半（图 4.1）。

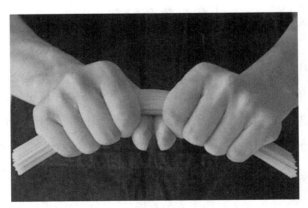

图 4.1　用手轻握靠近中心的部分是重点

将折半的面条用常温水开始烹煮，其余的烹煮条件和标准煮法相同。煮到带有嚼劲、重量变成之前的 230% 需要 13 分钟。相对地,使用标准煮法,水煮到沸腾需要 6 分 30 秒,烹煮面条需要 9 分,合计需花 15 分 30 秒;常温水中放入面条的烹煮法,时间比它整整少了 2 分 30 秒。

至于味道和口感,常温水煮的面条虽然比标准煮法的还要软黏,却也相当好吃。比较软烂是因为从常温水开始烹煮的面条,水分梯度比较低;带有黏性是因为面筋在变得更有弹性前,面条就已经吸收了足够的水分,面条坚硬的部分很少。

若考虑快速、省能的优点,我认为这样的烹煮方式非常不错。

为什么面条会黏在一起?

用常温水烹煮的意大利面为什么容易黏在一起呢?

在这之前,我认为面条会粘在一起是因为淀粉糊化。面条放入沸腾的热水,表面的淀粉粒会开始糊化。此时,若面条和邻近的面条之间没有空隙,崩坏的淀粉粒就会扮演起"糨糊"的角色,所以面条才会黏在一起。我一直是这么认为的。

然而,常温水煮面条还是会粘在一起。将面条握成一束浸到常温水中,轻轻握紧,结果面条会整束黏在一起。热是糊化发生的必要条件,常温水并不会有糊化现象产生,所以,面条黏在一起其实是别的原因造成的。

　　将面条浸入常温水后握紧，此时面条间有水分存在，干燥的面条会渐渐吸收水分。面条间水分减少的过程，会使连接的面条贴附在一起。将两张湿的纸张贴合在一起，干燥后会直接粘起来。同样道理，浸湿后的意大利面条也会发生这样的现象。

　　然而，这也并非完全没有糊化的影响。意大利面条浸入热水中后马上捞起，表面会变成黏糊糊的状态。我们认为这个黏糊状态和面条黏在一起有关，是很自然的想法。

　　浸入常温水，两条邻近的面条逐渐吸收水分，黏在一起。然后，水温上升产生的糊化现象，更能强化面条表面的粘着状态。接着，淀粉吸水加速糊化的进行，再次强化粘着，面条就像这样全部黏在一起。因此，用常温水直接下面的煮法，面条同样会黏在一起。

　　用热水烹煮面条比较不易粘住，因为热水带有热对流，而且气泡会一直涌出，这两项因素使面条容易分离，不会像用常温水烹煮的面条会长时间持续接触。

搅拌防止黏连

　　那么，要如何防止面条黏住呢？

109

第四章　这就是最佳煮法

请回想一下电视上经常有的专业师傅下面的画面。水沸腾后，一边扭转面条，一边将其在高身锅具内放开，面条会宛如开花般沿着锅的外缘形成扇形。

一条条的面条漂亮地散开，面条间保有足够的空间，这个空间充满水煮液。以这样的方式烹煮，就能够避免前面提到的第一阶段"糊化使面条紧密黏在一起"的现象。理所当然地，更进一步的现象也不会发生。

然而，将面条折断并用常温水开始烹煮，就不能阻止黏在一起。短面条会沉在锅底交叠，变成紧密的状态，加上水的对流、沸腾气泡还没有发生，面条反而会黏在一起。

所以说，我们只要避免最初的阶段发生即可。在糊化产生前，频繁地用料理夹、筷子轻轻搅拌面条，便足以避免面条粘在一起。当淀粉粒因受热而结构崩坏，表面的淀粉粒吸水膨胀，面条就不会黏在一起。一开始保持面条分散，之后就没有必要继续搅拌。

减少水量的实验

接着来验证，标准煮法中的"1升水"。水若比1升还少，可以较快沸腾，有着节省时间、金钱、能源的优势。同样地，虽然违背了烹煮意大利面的常识，但我进行了尽可能减少水量的烹煮实验。

准备好内径 14 厘米的标准锅具，放入折半的意大利面条 100 克。接着加入水，可以发现 250 毫升左右的水量就可以勉强浸泡到所有面条（图 4.2）。

在锅内加入 250 毫升水和 2.5 克盐，沸腾后放入面条，盖上锅盖，防止水分蒸发。在这一过程中，水煮液因黏性增加而煮溢出来，之后便顺利煮到起锅时间。然而，令人惊讶的是，打开锅盖后会发现水几乎都没了。

稍微想想，这也是理所当然的事情。100 克的面条约会吸收 130 克的水煮液。最初的水量只有 250 毫升，剩下来的应该有 120 毫升，若再加上煮溢出来、蒸发的部分，锅内的水分当然会几乎消失。也就是说，减少水量有一定的限度。

图 4.2　将折半后的面条放入锅中，只要 250 毫升左右的水量，就能使面条全部被浸泡

试吃煮好的面条，表面黏滑，口感还算是可以下咽。然

而，因为水分的蒸发，使 2.5 克的盐几乎都转移到面条中，味道非常咸。

那将盐减少到约 1 克，用同样的方法烹煮呢？我尝试过这个方法，但遗憾的是结果非常失败。

盐分不够造成弹性减弱，面条过软，表面黏滑，整体像糨糊般粘牙。些许黏滑还勉强可接受，但若超过某个限度，会令人感到不快。以我的烹煮结果来说，对于变成像粥一样的黏稠的面条，我觉得很难吃。这样的煮法，对喜欢吃软烂口感的人来说，也许不是什么大问题，但对我而言，这实在是难以接受。

节能的煮面技巧

于是我放弃 250 毫升水，将水量增加到 350 毫升继续实验。

结果发现，使用 350 毫升左右的水不会过咸或过黏，能够正常烹煮。口感和用 1 升水的烹煮结果差异不大。水煮液虽然黏滑，但还在可接受的范围内。虽然面条还是容易在锅底交叠粘在一起，这个问题可以用料理夹搅拌来解决。

然而这个煮法不适合放入大量的盐来增加面条弹性。因为水量较少，只要水分稍有蒸发，味道就会过咸。

350 毫升水加入 8.7 克盐，以及 1 升水加入 25 克盐，盐分浓度皆约为 2.4%。但是，水量较少会因蒸发较快而使盐分浓度增加。检测起锅时的盐分浓度，1 升水煮液的盐分浓度约为3%，而 350 毫升水煮液的盐分浓度却变成 4%。

但要注意，并不是说当面条量增加两倍，水煮液也要增加两倍。我们很多时候都是煮两个人的份量，所以现在就以 200克面条为例子。使用贝印牌深底锅 3 号，水量并不需要增加到两倍 700 毫升，只需要加入 500 毫升就可以应付。

最少水量为 350 毫升，约为最初标准 1 升的三分之一，非常节约。若不考虑折半面条的口感，这会是个不错的选择。

这个煮法可以结合常温水煮的方法。在少量的水中，加入盐和折半的面条，开火烹煮。这个混搭方式非常节能。350 毫升的水只需要 3 分钟就能够沸腾，总烹煮时间可缩短到 10 分钟。而且，全部浸泡在温水的时间减短，起锅面条的弹性比 1升水煮出的还要好。若是赶时间，这样的煮法也非常不错。

用微波炉煮意大利面

说到节能，最近流行用微波炉烹煮意大利面。

微波专用的意大利面容器，在百元商店等地方就可以轻易买到。

一个人会懒得开伙，因此我身边许多朋友会用微波炉代替。

听他们说，这样不但能少洗碗盘，也能节约水和盐。

在细长型容器（图 4.3）中平放面条，加水至指示线并放入盐，接着放入微波炉加热，煮好时水也会消失。

图 4.3　微波专用的意大利面容器

的确，这样不需要繁复的步骤，但实际吃过会发现，面条的嚼劲和弹性皆不够，比一般用热水烹煮的难吃。

缺少嚼劲是因为微波炉内放出的微波，会使面条整体一次性加热熟透。采取一般煮法时，水的沸腾使面条从周围开始糊化，保留芯的硬度，因此面条吃起来有嚼劲，但微波却会直接加热面芯部分。

另外，同样是使用百味来牌的细面，100 克需要烹煮 13 分钟。这比用热水烹煮还要少 2 分钟，但比用 350 毫升水的烹煮方法还要多 3 分钟。虽然这种方法有减少清洗物的优点，但并没有特别节省时间，而且口感不佳。想要做出好吃的意大利面，还是不能考虑微波炉烹煮。

泡水隔夜的煮法

我还想再尝试一种煮法。第二章提到了 NHK 的《老师没教的事》这个节目，其中的《好吃！次世代意大利面》单元中介绍了"先将面条用水浸泡变软，再用沸腾的热水煮 1 分钟"的方法。

我们常听到这样的做法：煮米饭前，要先将米在水中浸泡一晚。听说用同样方法做的意大利面条会出现生意大利面般的口感，这在意大利面爱好者间是个流行的话题。

长时间浸泡在水中，面条会不会膨胀变软？连面芯都泡涨，会不会变得过于黏稠甚至溶化？

然而，阅读到这里的读者应该都知道不会出现那样的情形。只要没有加热，糊化就不会发生。淀粉不会吸水，只是淀粉粒间会充满水分而已。的确，淀粉粒会流失一些到水中，但面条内的面筋网状结构仍然完整，形状不会因此崩坏。

我们用 1.7 毫米的百味来牌意大利面条 100 克做实验。浸泡在水中 1 个小时后，面条虽然会变软，但重量仅增加 50 克而已。即便浸泡一晚，重量也仅增加 90 克。离起锅时吸水 130 克的程度，还有很大的空间。

顺便一提，温度达到 50—60℃时糊化才会发生，若浸泡的是热水，面条会吸收非常多的水。比方说，100 克意大利面条持续浸泡在 60℃的热水中，仅仅 1 小时面条重量就会变成

200 克。之后不再继续加热，热水的温度渐渐降低，放置一晚后，重量变成 265 克，完全超出嚼劲的指标。烹煮后，重量更是增加到 278 克。当然，起锅的面条也是软烂而没有弹性的。

接着，我试着烹煮浸泡常温水一晚的面条。加热 1 分钟左右，面条的重量就增加到 220 克。真的只要煮 1 分钟，面条的含水率便非常接近嚼劲指标的 230 克。

那么，为什么烹煮时间会变短呢？因为长时间浸泡在水中，水已经渗透到面条的中心，一旦开始加热就能马上糊化。这和加热溶于水的太白粉一下子就变成黏稠状态是相同的道理。因此，烹煮时间只需要 1 分钟就足够。

然而，因为水渗入面条中心，完全没保有干燥的面芯，所以无法煮出具有嚼劲的面条。

因此，我再试着缩短浸泡时间。浸泡 1 小时，以残留些许面芯的状态烹煮 4 分钟。结果，虽然煮出的面条带有面芯的嚼劲，但弹性却有如咬不断的乌冬面，这是一种不可思议的口感。浸泡使得水分梯度降低，再加上中心还有未糊化的部分，所以才会产生这样的口感。

那么，这样是不好吃吗？也不尽然。和乌冬面相同，淀粉糊化程度的差异，可降低外围到中心的水分梯度，产生软Q 的口感。同时，因为坚固的面筋网状结构，使得面条保持强劲的弹性。果然，接近乌冬面口感的意大利面比较符合日本人的喜好。

当然，这和追求硬脆刺激口感的干燥意大利面背道而驰，但我认为这样也有这样的好滋味。

将这种口感的面条做成蒜辣意大利面，非常好吃。走访世界各地试吃意大利面时，我吃过几次用生意大利面条煮成的蒜辣意大利面，非常美味。以这种煮法煮出来的蒜辣意大利面，和用生意大利面条煮出来的味道非常相近。

用生意大利面条制作蒜辣意大利面

从历史、地理的角度来看，生意大利面和蒜辣意大利面实在不适合搭在一起。

我先按照顺序来说明。在橄榄油中放入大蒜加热，是南意大利家庭料理的基本操作。原产于中亚的大蒜于公元前 4 世纪栽培在地中海沿岸地区。而用橄榄榨油也是在同一时期、同一地区发源的。这两样食材的组合已经超过五千年，可以说是这个区域的食物原点。

一方面，干燥意大利面也是发源于这个区域（图 4.4）。虽然有人说干燥意大利面是马可·波罗从中国带进来的，但这并不正确，公元前 1 世纪的罗马时代就已经开始"用小麦粉揉制面团并干燥"了。

图 4.4　利用太阳晒干意大利面条是过去那不勒斯街道上常见的景象

现如今能够确认意大利面条存在的最早史料是 12 世纪初的资料，它描绘了西西里岛农场的"Iṭriya"制造情景。"Iṭriya"是细长的意大利面条，可想成是"Spaghetti"的祖先。作为可携带、可保存的食物，除了满足船旅上的需要，它也广泛销往国外。

大蒜、橄榄油、意大利面自古就一同存在于地中海沿岸的饮食文化中。

另外，蒜辣意大利面另一项不能缺少的食材——辣椒，是在哥伦布发现新大陆的 16 世纪后才传入意大利，但辣椒最大的产地却是邻近西西里岛的卡拉布里亚。意大利面条的情形也相同，遍及南意大利各区域。

另一方面，邻接瑞士、法国、奥地利等地且属于大陆性凉爽气候的北意大利栽培的则是普通的小麦，北意大利人将小麦磨成粉，加入蛋黄揉制成生意大利面条。北意大利的基本味道是奶油，多使用胡椒增加料理的刺激性，而不是用辣椒。

从历史、地理的角度来看蒜辣意大利面这道料理，北意大利风味的生意大利面条和南意大利风味的大蒜、橄榄油、辣椒，本来不可能混搭在一起。

难道不应该是干燥意大利面条、奶油和胡椒的组合较为普及吗？也许有人这么想。然而近年来，生意大利面大多还是用于现做现吃，而干燥意大利面条则是在 10 世纪以前，就作为商品在市面上交易了。

另外，虽然前面写到了"使用生意大利面条的蒜辣意大利面很好吃"，但相较于北意大利风的普通小麦粉制成的生意大利面，我认为还是以杜兰小麦粉为原料，经由压面机成形的意大利面更加美味。我们称后者为生意大利面，不过准确来说应为"未干燥的意大利面"。它不但带有历史、地理上的正统性，弹的特性也较符合我的喜好。

浸过水的干燥意大利面和"未干燥的意大利面"口感相近，所以用前者做成的蒜辣意大利面，当然，我也觉得很好吃。

格拉尼亚诺的意大利面

感谢大家听我讲述这么多，现在终于要准备介绍我私房的"最佳煮法"了。

这份食谱和随便煮的蒜辣意大利面比有着压倒性的优势，绝对能让吃的人禁不住赞叹，可以说是"决胜蒜辣意大利面"。因为是"决胜"，所以请不要考虑钱的问题，使用严选的食材，沉浸在奢华的享受中。

首先是面条，选用迪马蒂诺（Di Martino，产自意大利那不勒斯的格拉尼亚诺）品牌的 Vermicelli No.5（直径 2.1 毫米）的意大利面（图 4.5）。

图 4.5　迪马蒂诺的意大利面带有小麦的香味，但又不会过于强烈

那不勒斯的近郊自古盛产意大利面，被称为"意大利面的故乡"，其中格拉尼亚诺是以"青铜模具搭配低温干燥"的传

统制法制作意大利面条而闻名的。

在格拉尼亚诺，好几种品牌的面条会让人发自内心地觉得好吃，如拉法布里卡德拉（La Fabbrica della Pasta）、格拉尼亚（GRANIA）、迪格拉尼亚诺（Pasta di Gragnano）、艾菲拉（AFELTRA）等。距格拉尼亚诺车程 40 分钟的萨莱诺，产自这里的维系多米尼（Vicidomini）品牌的意大利面也非常好吃。

然而，就蒜辣意大利面而言，使用迪马蒂诺较佳，它有着小麦的美味和传统制法才有的香味，却又不会过于抢味。格拉尼亚诺面条的黏稠感较不明显，爽脆可口，和都市风味的蒜辣意大利面没有不对味的地方，能够相辅相成。

我的"决胜蒜辣意大利面"

相较于"铁氟龙模具搭配高温干燥法"制成的面条，"青铜模具搭配低温干燥法"制成的比较容易煮得不均匀。再加上面条本身比较粗，煮到能弯曲所需的时间较久，面条全部浸泡到水中也就比较慢。所以，请尽可能多放一些水，最好下锅后面条就几乎全部浸泡在水中。

使用贝印牌深底锅 3 号烹煮 100 克面条需要 1.5 公升水，加入含有丰富矿物质的海盐——粟国之盐 45 克。粟国之盐的价位较高，读者可能会犹豫，但若简单换算一下，45 克的盐实际上只要约 16 日元（约人民币 0.95 元）。而且，都要煮"决胜意大利面"了，我宁可少买几瓶瓶装饮料，也要购买粟国之盐。

粟国之盐是很美味的盐，但就溶于水使面条带有咸味而言，并没有太大的差别。而选用粟国之盐的理由如在第二章提到的，以钙、镁含量较多的盐增加面条弹性才是重点所在。

烹煮两人份的意大利面，相较于内径 14 厘米的贝印牌深底锅 3 号，使用内径 20 厘米的锅具更为合适。在锅内加入水 3 升、粟国之盐 90 克。

水沸腾后，放入意大利面条，并从上方轻压，尽早使面条全部浸到水煮液中。放入面条后，在另一只锅中放入 1 升左右的水，开火加热到沸腾，之后转小火，用来清洗过咸的面条。

到了起锅时间，用料理夹夹起面条放入另一只锅的热水中，搅拌 10 秒左右，减少面条咸味，接着马上放入平底锅和汤汁混合。

我选择仿效奥田师傅的"热水濯洗"手法。即使多一个步骤也要提高盐分浓度，是因为相较于在最先进工厂中以"铁氟龙模具搭配高温干燥法"生产的面条，在小型工坊以"青铜模具搭配低温干燥法"生产的面条弹性较差。我们必须在不会过咸的前提下，尽可能增加盐量，提升面条的弹性。

另一个原因在于，与其说蒜辣意大利面是"治愈系意大利面"，不如说它是"刺激性的意大利面"。口感和味道强烈一些比较好。

这样煮出来的面条，我感觉有些偏咸，但和外面餐厅口味较重的面条没有太大的差异。特别是在夏天户外的派对、饮酒会、宴会后微饿状态等这些情绪亢奋的氛围下食用蒜辣意大利面，这样的煮法更为合适。我想每个人都会为面条的 Q 弹口感感到惊讶。

看完这份食谱，我想大概会有很多人认为："这么麻烦，我怎么可能做啊！"然而，蒜辣意大利面是想一个人大快朵颐时也非常适合的意大利面，还请大家放心。本书的最后会有制作过程较简单的"假日蒜辣意大利面"，还有整合各实验经验的"速成蒜辣意大利面"以及"蒜辣生意大利面"的食谱。

到现在，我已经用了 4 万多字研究意大利面条的煮法，接着终于要开始烹煮最美味可口的蒜辣酱汁了。

第五章

油品选择

两大类橄榄油

我们找到最佳的烹煮法后，接着来将一项项考证最佳酱汁的做法。现在还没有达到最终目标，也许有些读者已经感到不耐烦，但这样才好，因为蒜辣意大利面本来就是要慢慢享受的意大利面。

蒜辣意大利面的酱汁是由油、大蒜、辣椒制成的（我所调查的食谱，几乎全部都加入了欧芹，但在意大利古老的食谱中，欧芹仅是用来搭配食用的。我自己本身制作酱汁时，通常都不会加入欧芹，所以本书也选择不加欧芹。我说的欧芹又称巴西里）。

本章将讨论哪种油最适合做成酱汁。

在食谱书籍、杂志、网上的食谱中，我常看见各种争论，其中使用的油大致可以分成两大派别："特级初榨橄榄油"（Extra Virgin Oil Olive）派和"纯橄榄油"派。

也就是说，橄榄油大致可以分成"初榨橄榄油"和"精制橄榄油"两种。

初榨橄榄油是将橄榄粉碎、压榨，或是使用离心机分离做成的橄榄油。特级初榨橄榄油属于这一类。

相对地，精制橄榄油可分为两种：一种是利用化学方式处理，去除劣质的初榨橄榄油中的难闻味道、臭味酸类物质；另一种是将初榨橄榄油的油渣加到有机溶剂中，溶解油的成分，再待溶剂蒸发后提取出橄榄油。

日本的纯橄榄油其实是精制橄榄油和初榨橄榄油的混合油。

一边是保留橄榄本来味道与香味的高质量特级初榨橄榄油；一边是利用化学方式精制的基本款纯橄榄油。看到这里，我想大家一定都认为："特级初榨橄榄油明显获胜嘛！"但是，情况并没有这么简单。

纯橄榄油派的人认为特级初榨橄榄油的质量非常棒，适合生食，但是，像蒜辣意大利面这类料理，特级油加热反而会使苦味、辣味变得过于强烈。这种说法正确吗？我在这一节试着将两种油加热再比较味道。

我使用的特级初榨橄榄油是意大利产的油品，未熟果含量较多；纯橄榄油也是意大利产，但日本的大工厂已引进经销，是在超市常见的有名商品。

首先将油加热至180℃。大蒜过火到变色的温度时，油温差不多就是180℃。

然后，我舔尝加热后的特级初榨橄榄油。味道非常苦，随后而来的是像要烧灼喉咙的辣味，也就是"油变质"带来的恶心发黏的臭味。的确，真的无法说这种油好吃。加热会促进氧化，变质油的臭味就是氧化产生的现象。

另外，虽然纯橄榄油没有特级初榨橄榄油的苦味、辣味，但还是有变质油的恶心味道。因此，纯橄榄油也很难说是适合蒜辣意大利面的油。

油品实验

其实，最令人惊讶的是纯橄榄油的味道。我被它的黄色外观误导，以为味道会和特级初榨橄榄油相近，实际舔尝后发现完全感觉不出来是橄榄油，不如说它的味道更像是色拉油。

这让我产生疑问，真的就只能用两种油吗？我又用色拉油来做比较。

我选择了一般常见色拉油大厂的葵花油，以及油酸含量和橄榄油大约相同的高油酸葵花油。油酸是占了橄榄油七八成的脂肪酸，相较于葵花油的主要成分亚麻油酸，不容易热氧化也不容易发黏。

同样加热到180℃，果然，一般的葵花油最为黏稠，味道也很难吃，有种像是油放置过久的恶心味道及臭味。高油酸葵花油虽然清爽一些，但同样有着恶心的味道。如同预期，色拉油和纯橄榄油的味道及香味没有太大的差异。

然而，这与制作纯橄榄油的时候加入多少初榨橄榄油有关。因此，我又尝试标榜优良的纯橄榄油（含25%特级初榨橄榄油）——意大利小品牌的油。在清爽的味道中，我感觉到苦味及辣味。当然，这也难以说是好吃的味道。

因为没有明确食品标示，正确的含量无从得知，但第一次实验时使用的橄榄油中特级初榨橄榄油的添加比例应该非常少吧。

加热会使橄榄油的味道变差

那么，这四种油中哪一种最好吃呢？坦白讲，哪种都难以下咽。更糟的是，这几次试喝加热油真的让我觉得很恶心。

经过这次舔尝油的经验，我才意识到平常食用蒜辣意大利面、炒物、炸物，吃下了多么恶心的东西。这让我不禁深思。

然而，我还是得到了一些小结论。首先，高油酸葵花油和纯橄榄油没有太大差别，所以没有必要特地选用纯橄榄油。纯橄榄油的选项可以去掉。

特级初榨橄榄油如何？这种油也是又苦又辣又黏稠，真的不是很好吃。然而，这让我了解到纯橄榄油派的主张，即"特级初榨橄榄油加热后，会凸显苦味、辣味"是错误的。

试含一口生的特级初榨橄榄油，首先能够感受到如水果般的复杂香味和甜味，口感黏稠圆润，非常好吃。然而，不久后我就感到苦味以及从喉咙深处袭来的呛口的辣味。

生的油前味不错，但后味又苦又辣。而加热的油不但没有如水果般的香味和甜味，也没有圆润的口感，吃进去马上就是又苦又辣。不论是哪种油都是又苦又辣。

苦辣的程度并没有随着加热而提升，热油和生油的程度相同（但是，标榜"过滤"的高级橄榄油在加热的时候能够闻到橄榄气体的焦味，和生油相比有着不同的苦味）。

加热并不会增加苦味、辣味，但会使香味、圆润口感流失。因为其他风味消失，结果变成直接呈现苦味、辣味。

橄榄油的芳香成分挥发性高，容易因受热而流失。同时，受热也会促进氧化，使油产生恶心的臭味。苦味、辣味的成分不会因为加热而流失，和加热前差不多。整体来讲，加热反而使味道变得更糟。

用温的橄榄油做意大利面？

没想到生的特级初榨橄榄油那么好吃，但它加热后却完全变样。那么，到底是加热到多少℃后油才会失去那样绝佳的香味呢？

若是130℃左右能够保有风味，那么用火慢慢加热，不就能实现"好吃的加热油"？于是我抱着不太大的期待进行了实验。直接用锅加热，会使锅底的油瞬间加热到高温，所以我选择将橄榄油装到料理碗中隔水进行加热。

加热到40℃，油和常温时没有什么差别。然而遗憾的是，当温度超过50℃，就会渐渐流失果香味。加热到60℃，苦味、辣味变得突出，生橄榄油特有的果香味几乎完全消失（发黏变质的臭味还没有出现）。

难道只能放弃这个选项了吗？但都已经实验到这个程度了，我更想用特级初榨橄榄油来烹煮蒜辣意大利面了。一想到纯橄榄油没有的芳醇风味，就很难割舍这个选项。

光是烦恼也不会有进展，不如就用40℃的油来做蒜辣意大利面，看结果如何再做决定。在料理碗中加入特级初榨橄榄油、切片的大蒜和切圆的辣椒，隔水加热到40℃，然后和煮好的意大利面拌着吃。

有大蒜的味道，也有辣椒的辣味，水果香的橄榄油适当地和意大利面搅拌在一起。嗯，好吃……静静地试吃片刻，却慢慢地涌出类似愤怒的情绪，就像星一彻[1]掀桌一样，打从心底产生这样的冲动：

"这才不是蒜辣意大利面！"

吃了这个意大利面，我才知道，虽然没有用文字描述，但我对蒜辣意大利面有着自己的一番坚持，而这个意大利面明显不符合我的坚持。吃完它，我反而重新审视自己对蒜辣意大利面的坚持是什么。

这个意大利面没有蒜辣意大利面所拥有的，就是"能称之为蒜辣意大利面的条件"，而这首要的条件就是——热烫感。

这个意大利面怎么说呢？好像缺少点什么。这种失落感非常明显，明明好吃，却感到有些不足。

然而，这个食谱本身并不差。在第三章提到的《新意大利面宝典》中刊载了 1347 种从意大利各个地区收集而来的意大利料理食谱。这本书真可谓"意大利面的圣经"，其中的第一份食谱就非常接近这个意大利面：在刚起锅的意大利面中，加入切片的大蒜、橄榄油和盐。这份食谱中使用的是常温橄榄油，而辣椒的调味则到 16 世纪才加入。作者博纳西西表示："这可能是最为古老的意大利面吃法。"

误打误撞下，我竟然想出类似蒜辣意大利面原型的食谱。

1　漫画《巨人之星》中的角色，他对孩子执行斯巴达式的教育，常有掀桌的行为出现。

耐热的中华油！

对微温的意大利面难以接受，这让我马上想到一件事情。为了写这本书，我走访许多店试吃意大利面，让我感到好吃的，大部分都是很烫的意大利面。

第一口烫到无法入口，恐怕是师傅刻意这么做的。油比水更容易升高温度，所以非常烫口。想要做出美味的蒜辣意大利面，绝对不能缺少这份热烫感。

"这种热油入口的感觉，就像在中华料理店食用大火快炒的热烫蔬菜……"

这样一想，我突然注意到一件事情。

中式热炒蔬菜都会以大蒜和辣椒爆香。那么，将中式热炒蔬菜的技巧应用到蒜辣意大利面上如何？中餐大多是用大火处理食材，所以使用的油应该比较耐热。

然而，中式油没有意大利油的香味。所以，热炒完后再加入特级初榨橄榄油如何？这有点类似中餐会在最后加入麻油增添香味一样。虽然余热会使香味散失，但多多少少可以保有特级初榨橄榄油的风味。

我爱用的中式油是太白胡麻油（白芝麻油）。这和一般的麻油不同，芝麻没有经过焙烤，直接压榨精制成油。经过完全的压榨取油，加以精制的过程使香味消失大半，但太白胡麻油口感圆润、味道醇厚。

至今，我做中餐时都是用大火加入太白胡麻油来热炒，没有遇到过因为油太臭而感到恶心的情况。难道，这就是蒜辣意大利面所追求的"抗热油"？

所以，我试尝将太白胡麻油加热到180℃。虽然油仍有些许变质，却有着清爽的焦香味，比之前尝试的4种油都好吃。另外，我也尝试普通的麻油，也就是芝麻经过焙煎榨出来的油，结果都没有感到油变质，非常好吃。原来这就是高级的天妇罗店选用麻油的理由。

我试着调查麻油的资料发现，它的亚麻油酸等易氧化的成分比橄榄油还要多很多。加热后，理论上应该会产生令人恶心的味道及臭味。然而，因为芝麻含有大量芝麻素（Sesamin）等抗氧化物质，所以在植物油中麻油属于不易氧化的油品。

抗氧化物质通常会在精制过程中流失，但相反也会因此产生芝麻素等抗氧化物质。所以，尽管没有焙煎麻油含量那么多，太白胡麻油的抗氧化能力还是相当优异。大致来讲，"抗热油"可看作是抗氧化强的油。[1]

1　芝麻又称胡麻，一般售卖的胡麻油、芝麻油为调和油，成分需询问厂商。

特级初榨橄榄油的使用方式

接着我介绍一下热炒蔬菜的方法。

切开含大量水分的蔬菜，放入容器备用，上面再放切片大蒜、辣椒和盐。在中式炒锅中倒入太白胡麻油开大火，加热到油冒烟，然后把容器里所有蔬菜一起倒入锅中，快速热炒。蔬菜变软后，加一点日本酒。待酒精成分挥发，加入一些热水，完成水分充足的料理（常温水会使温度下降，所以加入热水）。根据料理的不同，最后可以加入焙煎麻油增加香味。

这里我试着将中式蔬菜热炒的食谱，转换成适合蒜辣意大利面的食谱：

① 在中式炒锅中放入太白胡麻油，开大火加热。

② 待油烟冒出，在煮好的意大利面条上加入切片大蒜、辣椒，一起投入锅中。

③ 约略拌匀，加入一些煮意大利面剩下的面汤（或是热水），像用平底锅翻炒一样，拌匀后关火。

④ 加入特级初榨橄榄油提味（图 5.1）。

这里碰到两个问题，面条容易粘在中式炒锅上，和热油接触的面条会有油炸感。但是，这些都可以靠更换铁制锅具、调整油量和火候解决。

图 5.1　将面翻炒拌匀，关火，最后再加入一大匙特级初
榨橄榄油提味

　　试吃的口感热烫，非常好吃。而且不需要花太多时间，这
点我也很喜欢。太白胡麻油带有温和焦香，但不会掩盖特级初
榨橄榄油的香味。试着将加热的太白胡麻油和生的特级初榨橄
榄油混合试喝，两者的香味浑然一体，口感极佳。

　　此外，我还尝试了焙煎的普通麻油，结果麻油的香味过于
强烈，掩盖了橄榄油的香味。

结论是"太白胡麻油最适合"

　　就结论来说，特级初榨橄榄油只需用来做最后的提味。

　　最初的选择题是"要用特级初榨橄榄油还是纯橄榄油"，
结果发现两者加热都不适合，因此先以"用色拉油也没差别"

的消极理由，淘汰纯橄榄油的选项，但也并不表示特级初榨橄榄油就比较好。

我所得到的最后结论是，只要油加热后好吃，而且不会掩盖特级初榨橄榄油的香味，选择哪种油都可以。这可以说是非常正面的结论。

之后，我也尝试了花生油、椰子油、榛果油、胡桃油、夏威夷豆油等油。但是，从"不会掩盖最后添加的特级初榨橄榄油香味"与"不会发黏"这两点来说，还是太白胡麻油较佳。

我后来又进行了8种太白胡麻油加热试喝的实验以及将加热油混入特级初榨橄榄油的试喝实验，再用这些试喝过的油来煮意大利面试吃。有趣的是，直接喝最好喝的油，不一定适合用来做蒜辣意大利面。

我的理想油是精制度不高、香味适中且不会掩盖特级初榨橄榄油的味道和香味的油，两者混合后能添增风味那更好。以这种情况来说，最接近理想的是九鬼产业的"纯正太白胡麻油"。

当然，还有许多油品我没有尝试。即便是相同的油，不同品牌也可能有所不同。有没有其他油品比太白胡麻油更适合做蒜辣意大利面呢？我依然会持续进行实验，随时调整。

那么，最后用来提味的特级初榨橄榄油，选用哪个牌子的比较好呢？因为种类实在是太多，我苦恼了好一段时间。

经过各种尝试，最后我决定选用西西里岛农场的拉薇达牌

（RAVIDA）橄榄油。西西里岛的油带有馥郁水果香味，而拉薇达的香味更是浓郁。我们的主要目的是增加香味，所以优先选择香味较高的油品。而且，拉薇达残留的苦味、辣味，味道上是不错的刺激。我尝试超过 30 瓶油，目前觉得这个牌子的最适合（图 5.2）。

图 5.2　以香味来看，首选西西里岛产的拉薇达牌橄榄油

斟酌的油量

最后来讨论油的"量"。

这个问题应该考虑的是两大平衡：第一，最初放入的太白胡麻油量和最后加入的特级初榨橄榄油量，两者间的平衡；第二，总油量和面条量之间的平衡。

我们首先讨论第一点，太白胡麻油的量和最后添加的特级初榨橄榄油之间的平衡。实验时，我选用九鬼的纯正太白麻油和拉薇达的特级初榨橄榄油。

考虑到方便性，酱汁制作所需要的油量，15毫升左右即可。在15毫升加热的太白胡麻油中，加入5毫升左右的特级初榨橄榄油，便能产生独特的风味。

将特级初榨橄榄油增加到8毫升，味道会非常明显。在没有事先告知的情况下，我让妻子试尝这个混合油并询问她这是什么油，她马上回答出橄榄油，而且她也觉得好吃。虽然比起全部都用特级初榨橄榄油，这种混合油的香味和味道都较为薄弱，但是几乎没有苦味和呛口的辣味。

太白胡麻油特有的浓醇隐藏在后味中，而且味道带有立体感，圆润可口。另外，直接饮用时，太白胡麻油的香味会被特级初榨橄榄油的强烈香味掩盖，难以直接感受到胡麻油（知道里面加了太白胡麻油后，妻子感到很惊讶）。这种"隐藏香味"使油香更加有层次。

坦白讲，这种混合油仅用于蒜辣意大利面实在太可惜。

若想再为蒜辣意大利面添增一些苦味、辣味，加10毫升的特级初榨橄榄油就足够。特级初榨橄榄油的味道和香味可以立刻表现出来，苦味和辣味也适中。

我们接着来讨论面条的量和整体油量的平衡。首先，我试着加油拌炒100克面条。虽然20毫升油便能使面条全部沾上油，但我认为做蒜辣意大利面时油量稍多一些会比较好。加入 30 毫升油，面条表面整体会变得光滑油亮。

以此作为基准来微调，考虑到大蒜加热的方便性，我选择先放入太白胡麻油 20 毫升，起锅后加入 13 毫升的特级初榨橄榄油。这是我自己得出的结论。

经过数次的尝试后发现，仅数毫升油量的不同，不会给意大利面带来多大的影响。读者可以先尝试，加入比一大匙多一点的太白胡麻油来拌炒，关火起锅后再加入比大匙少一点的特级初榨橄榄油拌匀。

第六章

大蒜和辣椒的功能

损伤的大蒜容易臭

比起橄榄油，蒜辣意大利面使用太白胡麻油更为合适——这样的结论肯定出乎读者意料。

然而，中式热炒蔬菜风格的意大利面还有些地方不像蒜辣意大利面，这其中的关键就在白色的大蒜。虽然我个人很喜欢在中式热炒蔬菜里过油后仍为白色的大蒜，但蒜辣意大利面还是得有金黄色大蒜特有的焦香味。

前一章的实验中，我尝试了非加热的蒜辣意大利面，但是却因为不够烫让我不甚满意。除此之外，欠缺焦香也是一个致命伤。对我来说，能称为蒜辣意大利面的要素，第一是热烫感，第二就是带有焦香的金黄色大蒜。

说到大蒜，最大的特点就是独特的刺激味。这种味道主要是来自蒜氨酸（Alliin）、次甲基（Methine）氨基酸以及蒜氨酸酶的酵素。这些氨基酸和蒜氨酸酶原本存在于不同的地方，大蒜的细胞损伤时这些化学物质会互相产生反应。

化学反应产生大蒜素（Allicin）。然后，再进一步转变成二烯丙基二硫（Diallyl Disulfide）、二烯丙基三硫化物（Diallyl Trisulfide）、大蒜烯等有机硫化物。在料理书籍等解说葱类的特有刺激性味道时，我们经常可以看到"二丙烯基硫化物"（Diallyl Sulfide）这个词，二丙烯基二硫化物其实就是二丙烯基硫化物的一种。这些有机硫化物就是大蒜刺激味的主要成因。

大蒜焦香的真相

另外，大蒜加热后的颜色变化和味道是怎么产生的呢？

做过布丁的人就会知道，砂糖加入锅内加热后会转变成偏黑色的焦糖。糖分遇热会变性，这种现象称为"焦糖化"（Caramelization）。这种焦糖化现象也会在大蒜内部发生。

另外，大蒜内部的糖分和氨基酸遇热会产生变色反应，这种现象称为"梅纳反应"（Maillard Reaction）。烘焙面包的时候，面包表面呈现漂亮的金黄色，正是焦糖化和梅纳反应的结果。而大蒜也是因为同样的原理变成金黄色。

焦糖化和梅纳反应是由醛、酮、乙醇、芳香族化合物等各种挥发性化合物引起的。所以，大蒜加热后才会产生那般多样的香味。

前一章提到了油氧化后会产生令人恶心的怪味。醛、酮正是造成这现象的物质之一，但有趣的是这些物质只要适量，反而会产生促进食欲的香味。

关于梅纳反应引起糖和氨基酸结合而出现各种香味的变化，沙伦伯格（Shallenberger）医生的著作《食品变色的化学》有详尽介绍。这种变化被描述得相当有趣，这里我引用一些内容：

大蒜的糖分是由果糖结合而成。果糖依不同的氨基酸组合，香味也会有所不同。

果糖和离氨酸（Lysine）结合会产生炸薯条般的香味；果糖和甘氨酸（Glycin）结合则会产生牛肉汁的香味；果糖和甲硫氨酸（Methionine）结合则会产生豆汤的香味。

然而，果糖和麸氨酸结合则会产生鸡粪的臭味，和苯丙氨酸结合，竟然会产生狗臭味！这些氨基酸皆含于大蒜中，其中麸氨酸含量最多。于是我一边想象鸡舍旁边拴着狗的情境，一边闻着金黄色大蒜的味道，但我闻不出来有鸡粪和狗臭的异味。

这种香味变化真令人感到佩服。大蒜会因表面损伤而产生有机硫化物的味道，加热后发生焦糖化和梅纳反应，产生化合物的味道。两种反应混合，即为"大蒜焦香"的真面目。

大蒜香味无法转移到油中

为了使蒜辣意大利面也带有大蒜的焦香，我改良了中式大火快炒的做法。因为若是将大蒜和蔬菜一起投入锅中快炒，是没办法引出大蒜的焦香的。如同一般的蒜辣意大利面的做法，我先在锅内放入油和大蒜，煸炒至表面成金黄色。

关于大蒜的切法，后面会再详细讨论，这里我就先切成薄片。使用的油品就是前一章提到的 6 种油：特级初榨橄榄油、纯橄榄油、葵花油、高油酸葵花油、太白胡麻油、普通麻油。将大蒜放入油中，慢慢地用较弱的中火加热至表面金黄色。

为了知道大蒜会带给油什么样的影响，又到了试喝油的时间。因为前一次不愉快的经验，这次我战战兢兢地面对挑战。庆幸的是，大蒜的香味能够掩饰油氧化产生的令人恶心的味道。每种油的味道都比没有加大蒜时容易入口。

其中最棒的油果然还是太白胡麻油。那温和的芝麻香、浓醇感和大蒜的焦香非常协调。若是换成经过焙煎再榨出的一般麻油，香味会过于强烈，掩盖掉大蒜的香味。

　　然而试喝后，我却察觉到另外一件事。大部分的蒜辣意大利面食谱会写"在平底锅中加入油和大蒜，用小火慢慢加热，使大蒜的香味转移到油中"。但是，实际试喝后我却发现，大蒜的香味几乎都没有转移到油中。

　　在这之前我都是用小火煸炒大蒜，看着大蒜在油中发泡并慢慢变金黄色，深信大蒜的香味正在一点一点地转移到油中。

　　那么，会不会跟温度有关系呢？我试着品尝冷却的油（如果直接放在平底锅中冷却则余温过高，所以请将油倒进耐热容器中），果然也没有多少大蒜味。相比起来，将切片大蒜浸泡在"未加热的常温油"中10分钟，再尝尝看，会发现未加热的油还有点儿大蒜味。这再一次佐证了，世间的常识不能完全相信。

　　二丙烯基硫化物等有机硫化物有脂溶性，只有溶于油中，大蒜香才有办法转移至油中。然而，当有机硫化物加热到约180℃时，大部分会挥发散失。这就是空气中飘着好吃的蒜香味，但油本身的香味和味道却几乎没有大蒜味的原因。

　　大部分的人都会以为大蒜飘出香味也就表示成分转移至油中了，但仔细想想，这想法非常奇怪。空气中飘着香味不就等于说大部分的成分不是转移到油中，而是散失到空气中了吗？

　　也就是说，我们在吃蒜辣意大利面时感受到的大蒜味，其实是鼻子闻到飘散在空气中的香味，而不是口腔内感受到的大蒜本身的味道。

当然，我并不是说大蒜的成分完全没有转移到油中。我煸炒完大蒜，等到充满房间的焦香味完全散去，再试尝油的味道，发现还是有少许大蒜的味道和香味，因此能够掩盖残留油中大蒜有机硫化物的氧化臭味，并且稍微添增风味。太白胡麻油中放入大蒜加热，会比普通的油加热还要好吃。

大蒜切法会影响油的味道吗？

让我们在前面所说条件的基础上，继续探讨大蒜的切法。

关于大蒜的切法，前面都是以"大蒜的成分会转移到油中"为前提来讨论的。因此，将大蒜轻轻压碎，油煎后取出，这样便能稍微添增风味。

现在我也以实验来验证。准备相同量、不同切法的大蒜，放入太白胡麻油中加热。直接品尝，虽然能感觉到少许大蒜的味道和香味，但没有办法清楚区分两者。

等到房间里的焦香味散去再品尝油，果然，依"压碎、切片、剁碎"的顺序，大蒜的味道逐渐增强。

也就是说，人们对切法的认知并没有错。然而，飘散在空气中的大蒜香味太浓烈，相比之下直接食用所感受到的味道强度很不明显。

闻着空气中强烈的气味，直接品尝炒过大蒜的油，这样真的能吃出因切法不同而所产生的味道也不同吗？我想知道的是，在周围带有强烈刺激气味的场所，我们是否能够辨别微小的刺激差异？

所以，我进行了另一项实验：准备两只煮蒜辣意大利面的平底锅，分别加入煸炒过蒜片的油和煸炒过蒜末的油，辨别它们之间的差异。若直接使用两种油，散失到空气中的香味以及大蒜本身的味道会影响结果，为了使条件相同，我采取下面的手法。

倒入油加热，放入蒜片，加热到表面变成金黄色，到这里步骤一致。当飘散于空气中的香味程度相同时，把其中一只锅中的油倒掉，然后加入煸炒过蒜末并且过滤的油。蒜片直接留下来，我仅将油交换而已。这样一来，大蒜本身的味道也就相同了。

空气中的香味、大蒜本身的味道，这些条件都相同。不同的地方在于，锅里装的是煸炒过蒜末、溶入较多大蒜成分的油，还是仅煸炒过蒜片、溶入较少大蒜成分的油。那么，我能够吃出两者之间的差别吗？果如预期，我完全分辨不出来。

相反地，以蒜末的油作为基底，将其中一锅换成是蒜片的油，但结果相同。我也尝试了压扁的大蒜，结果还是相同。

也就是说，只要大蒜的香味以及大蒜本身的强烈味道存在，油分中的大蒜成分仅能算是误差，对整体没有太大的影响。不管将大蒜切成什么形状其实都可以。

享受大蒜口感的变化

然而，前面所说的是和油相关的结论。

即便没有香味转移到油上，我们还是可以闻着飘散于空气中的香味来享用蒜辣意大利面。就油产生的香味这点来看，剁碎的大蒜产生的香味比较多。也就是说只要将大蒜剁碎，我们就能够在充满焦香的环境下享用蒜辣意大利面。

另外，大蒜也可当成蒜辣意大利面的配料直接食用。若是当成配料，切法的不同便会大大影响大蒜的存在感。

剁碎食用时，蒜末平均分布在意大利面中，每口都会和面条一起吃进嘴里。但是，因为蒜末过于细小，难以真正咬到大蒜，就变成是在享受味道和香气。

那么蒜片呢？一份意大利面放入一颗大蒜，大约有 10 片左右的蒜片分散于面中。煮好的意大利面重量有 230 克，以每口吃进 15 克来计算，大约 15 口就可以吃完。也就是说，平均每 3 口就会吃到 2 片蒜。

吃进蒜片时，蒜味和香味一起扩散开来，我们能够强烈感受到大蒜的存在。没有吃到蒜片时，蒜味、香味没有蒜末来得明显。若将每口感受到大蒜的存在定义为"大蒜感度"，那我们便能够享受它波浪般的起伏变化。

那么，若将压扁的大蒜炒过后取出呢？面里实际上并没放大蒜，连配料都算不上，只能享受周围充满大蒜的香味，以及转移了一点大蒜香味的油。虽然大蒜感度保持固定的低数值，但若考虑到挥发和嗅觉疲劳（持续嗅闻同样的味道，嗅觉渐渐迟钝的现象），感觉反而会递减。

那么，剁碎是要剁多碎？切片要切多厚？这和大蒜的加热程度有关。所以，决定要用什么切法之前，要先讨论大蒜煸炒程度的变化。

干脆还是湿软？

大蒜的煸炒程度，大致可分为完全干脆、些许湿软或是像炸薯条般外酥内软。

剁碎或切薄片的大蒜没有办法外酥内软，所以只有"完全干脆"或"些许湿软"两种选择。同样地，整颗大蒜也没有办法做到内部干脆，所以只有"些许湿软"或"外酥内软"两种选择。

"完全干脆"和"些许湿软"的差别在于水分含量的多寡。煸炒的过程使水分蒸发多少？还有酱汁制作时，加入多少水煮液？这些都会产生影响。

若想要"完全干脆"的口感，就要在大蒜变干硬前，先将大蒜取出，待意大利面完成后装入盘中，再把大蒜加上去，否则在拌炒面条时，大蒜会再次变得湿软。

湿软状态可分为两种：一开始表面还未煸炒至变色的情况和经过煸炒干硬再次吸水变湿软的情况。后者经过一次干硬的过程，会产生焦香味，而且，有机硫化物挥发得比较多，可以减少体内摄取这些物质的量。

外酥内软状态是指像炸薯条的情况，外围硬脆带有金黄色，而内部保有水分，呈现松软状态。慢慢油炸整颗大蒜，或是切厚一点，放入不粘平底锅，以少量的油加热，都可以做到使表面酥脆。同样地，加入水分后，大蒜会再次变得湿软。

厚切的理由

对大蒜的喜好是见仁见智的，而且因为会造成口臭，根据不同的时间场合，有时候必须忍着不吃。因此，大蒜应该怎么切？应该做出什么样的口感？这只能说根据喜好、时间和场合而定。

然而如同前面提到的，只要清楚考虑到不同的形状、煸炒程度以及会对味道产生什么样的影响这三点，大家脑海中应该自然浮现答案才对。

我属于"些许湿软"派，所以采用下面的方法。将大蒜切成5毫米厚，慢慢煸至表面金黄且完全干脆，然后加入水煮液做成酱汁。

　　既然喜欢湿软的大蒜，为什么还要使大蒜变干脆一次呢？因为焦糖化、梅纳反应会产生超过一千种香气成分，能够散发带有层次感又引人食欲的香味，所以我想尽可能使这些反应发生。同时，此过程也能挥发有机硫化物，香气四溢。闻着这些香味，吃着蒜辣意大利面，这样风味更佳。

　　就我的感觉来说，酥脆的大蒜口感过于强烈，和意大利面的口感不协调，破坏了整体的统一感。所以，我才会在酱汁中加入水分，使大蒜变得湿软。

　　大蒜切得厚一些更能产生柔软的口感，所以，我会将大蒜切成稍厚一些的 5 毫米。

　　另外，我不选择干脆的口感还有其他的理由。若选择干脆的口感，料理途中必须暂时将大蒜从锅中取出，最后再将大蒜放回去，需要多出一道手续。这道手续会阻碍料理的流畅度。我希望整个过程能够流畅进行，这样暂时取出大蒜，对我来说非常麻烦。

　　料理不单调才显得有趣。比起单一的大蒜感度，我觉得有变化更不容易吃腻，所以，我不会选择把大蒜剁碎。将整颗大蒜油炸的话大蒜感度的变化起伏会过大，所以，我也不选择用整颗大蒜。

　　将大蒜切小块，方便调整大蒜口感，途中可以作适当增减。对于这样的变化，身体的反应也会跟着变化，使我们能够更加享受吃的乐趣。

另外，大蒜的量请根据个人的喜好调整。我并不是非常喜欢大蒜，所以仅放入 8—9 克的量。我一般使用的是小型大蒜两颗。

防止大蒜烧焦

决定好大蒜的量与切法，接下来就是加热了。

若是蒜片或蒜末，用小火慢慢转移香味到油上没有意义。开大火炒不是更省时间吗？也许有人会有这样的想法，但这是不正确的做法。

因为大蒜一烧焦便容易产生苦味。过浓的金黄色代表大蒜已经出现苦味。就算马上关火，若没有冷却平底锅，余热还是会使颜色越来越浓。

若是开大火，不用多久大蒜便会过熟，难以拿捏，很容易烧焦出现苦味。为了不使大蒜烧焦，在操作熟悉之前，请先用较弱的中火。当然也可以用小火，但会慢得令人着急。习惯后，就算是中火以上的火力，也能够顺利煸至变色。

什么颜色才不会产生苦味呢？这个就必须请大家自行尝试与试吃，追根究底才行。

根据不同的大蒜切法，变色、烧焦的程度也会不同。不压扁，仅将菜刀滑动切开，剖面会非常平滑。这样的切法能够使大蒜变色均匀。另外，若是用力压下去，剖面会不平整。凸出的部分容易焦掉，整体变色不均匀。

　　一般的切法是逆着大蒜纤维横切成小块，但也有顺着纤维切的切法。虽然这种的切法也能使大蒜变色均匀，但完成后的香味会逊色于切成小块的。考虑到香味，我选择切成小块。

推荐西班牙产大蒜

　　大蒜有很多种类，应该要选用哪种呢？

　　我推荐最近日本超市开始卖的西班牙大蒜。在我过去居住的山梨县，超市都有卖，都市应该更容易购入。价位也不会太高（介于中国产的和青森县产的之间）。

　　虽然没有很多人知道，但西班牙可是世界第九大大蒜生产地、欧盟最大的大蒜生产国。西班牙产大蒜在欧洲被广泛地食用，应该和当地的料理非常对味。当然，这种大蒜也出口意大利。

　　中国产的大蒜虽然有强烈的大蒜味，但整体的味道单调，而西班牙产的比中国产的还要香。根据数据显示，对比中国产、西班牙产、青森产的大蒜，中国产的有机硫化物的含量高出许多。中国产的大蒜中二丙烯基二硫化物的含量是其他地区产的两倍以上，以抑制大肠癌细胞而闻名的二丙烯基三硫化物，其含量也高约两倍。然而，使用西班牙产的大蒜能够比中国产的做出更多味道与香气。

相较于青森产的大蒜，西班牙产的有机硫化物含量略为逊色。二丙烯基二硫化物的含量比较少，但二丙烯基三硫化物的含量却比较多。

这个量的差别会对整体的香味造成什么样的影响，我并不清楚，但试着比较香味后可发现，西班牙的大蒜没有那么强烈的臭味，反而有着浓醇深厚的味道，而且还带有类似香葱的草香味。

实际尝试，西班牙产的大蒜没有像青森县产的有那么强烈的大蒜味，反而带有醇厚的味道。作为蒜辣意大利面的配料，这是最佳的选择。以前，我曾经订购意大利产的大蒜来试吃，味道和西班牙产的接近。也就是说，西班牙产的大蒜很接近意大利当地的味道。

辣椒的切法依喜好调整

还未讨论的食材只剩一样，那就是辣椒。辣椒的辣味正是"能称之为蒜辣意大利面的条件"的第三项。

辣椒的辣味成分称为辣椒碱（Capsaicinoid），辣椒碱中含量最多的就是辣椒素（Capsaicin），约占七成。其他还有二氢辣椒素（Dihydrocapsaicin）、降二氢辣椒素（Nordihydrocapsaicin）等物质。

接收这个辣椒素信号的不是味觉，而是人体感知温度的接收器 TRPV1。TRPV1 是温度超过 43℃时便会活化的温度传感器，它也会受到氢离子（Proton）活化，使人体产生疼痛感。也就是说，辣椒的辣味是类似热、痛的反应。

TRPV1 的活化会使肾上腺增加分泌肾上腺素。肾上腺素会刺激交感神经，产生类似动物狩猎中感到危及生命逃跑时或参与战争时的兴奋状态。这就是"蒜辣意大利面是刺激性且令人亢奋的意大利面"的原因。

另外，大蒜的硫化物、特级初榨橄榄油的多酚物质也会和 TRPV1 一同作用，活化 TRPA1 接收器，使蒜辣意大利面更带有刺激性。

不同调味的喜好

大蒜的香气和味道几乎不会转移到油中，但辣椒就不需要那么烦恼了。因为辣椒素的脂溶性、挥发性低，温度上升也几乎不会散失到空气中。油的辣味和放入的量成正比关系。

关于辣椒的切法，也不用想得太过复杂。接触面越多，转移到油中的辣味成分便越多。想要更辣一点的人，可以切细一些；不喜欢辣的人，可以切大块一些。请依自己的喜好做调整。

市售的辣椒有很多种。

首先是剁碎的辣椒，我们可想象成比较大颗粒的辣椒粉，因为接触面多，相对容易引出辣味。每口意大利面都会连同辣椒粒一同吃进嘴里，整个过程都能享受刺激性的味道。自制剁碎辣椒粉过于麻烦，我一般都会直接买现成的粗粒辣椒粉。

我比较常使用的是小断面的辣椒圆片。虽然市面有卖切好的辣椒圆片，但也可以自己切整条辣椒。圆片的辣椒最后能装点在蒜辣意大利面上，使外观看起来更有品位。

接下来是辣椒不切、整条直接放入的情况。这通常仅是为了将辣味转移到油中，不会直接食用辣椒。

需要注意的是别让辣椒烧焦。不论是整条、小断面还是剁碎的，干燥辣椒很容易烧焦。即便熄火再放进辣椒，只要油还是热的，辣椒就会因余热而被烧焦。

如果整条的辣椒不小心稍微烧焦，只有一些苦味转移到油中，能将伤害降到最低。如果是小断面的辣椒那就比较麻烦，但还是有办法剔除烧焦的部分。最大的问题是剁碎的辣椒，一旦烧焦几乎无法剔除，意大利面就会变得又苦又辣，需要多加留意。

要去掉辣椒籽吗？

籽留下还是去掉比较好呢？最常听到的说法是："辣椒籽的

辣味强烈，去掉比较好。"的确，仅食用辣椒籽，辣味真的很强烈。

然而，实际上最辣的部分是被称为"胎座"的组织。请回想一下青椒、绿辣椒对半剥开时的模样，连接蒂的中心轴上有许多籽，那个部分就是胎座。因为附着许多籽，所以英语又称为 placenta（胎盘）。

如果试吃胎座，舌头会感到火辣辣的刺痛，辣到飙出汗来（其实，现在我就是一边忍耐着那股刺痛感，一边写着这篇文章）。

辣椒素等辣椒碱类就是胎座制造出来的，辣椒籽是因为附着在胎座上，所以才会带有辣味。胎座所含辣椒素的量比辣椒籽所含的还要多很多。根据品种差异，假设辣椒皮所含辣椒素的量为 1，那辣椒籽就是它的 2–4 倍，而胎座竟然达 60 倍以上。

我使用的辣椒主要是自己在日光下晒干的，但也许是因为没有充分干燥的缘故，胎座被完整地保留下来。因为辣椒籽和胎座都留下来了，比起辣椒皮的部分，辣椒籽的味道更为呛辣。

然而，听说完全干燥的辣椒，胎座会缩水而分散开来，辣椒素便会扩散到整个辣椒。大品牌的干燥辣椒可能是因为机械干燥的过程，胎座早已分散，辣椒籽的辣味反而没有辣椒皮辣。辣椒籽的内部本来就没有什么辣味。吃辣椒皮，辣味像是从内部涌出，但吃辣椒籽，就不会有这种情况。

"辣味在籽上，所以去掉籽比较好"这种说法，大概是以日光干燥辣椒的旧时代留下的观念。现在在超市卖的大品牌辣

161

第六章 大蒜和辣椒的功能

椒都是经由机械干燥的制品，辣椒籽几乎不辣，所以没有必要特地去除。

但是，辣椒籽的口感不佳。就煮出好口感来说，我还是建议去除辣椒籽。

顺便说一下，我也觉得剁碎、切圆片的干燥辣椒、硬质辣椒皮的口感不佳。因此我选择不要将辣椒切得太细，仅使辣味成分转移到油中，不食用辣椒本身（也因为我不太能吃辣）。

另外，市售的剁碎辣椒大部分都和辣椒籽混杂在一块，而市售的圆片辣椒通常不会有辣椒籽。

韩国辣椒不适合

虽说选购什么样的辣椒都可以，但既然要追求"刺激性的味道"，激辣的辣椒比较适合蒜辣意大利面。日本产的鹰爪辣椒很容易入手，单纯而且非常辣，就很适合蒜辣意大利面。

韩国辣椒带有强烈甜味或酸味，若是用韩国的辣椒煮意大利面，味道会变得奇怪。

我试着使用意大利屈指可数、产地为卡拉布里亚的辣椒（见第143页图片），它不但有着激辣的辣味，还带有像西红柿般的深层香味，让我非常喜欢。

我也尝试其他意大利产的辣椒，在网上订购了阿布鲁佐的原生辣椒。这种辣椒也非常香且激辣，相当适合蒜辣意大利面。

若没有特别要求，日本产的辣椒就足够。但是，我难以割舍这种意大利产辣椒带有的深层又激辣的味道。若有办法买到，烹煮"决胜蒜辣意大利面"时，我绝对推荐意大利产的辣椒。

若使用日本产的鹰爪辣椒，我建议选购日光干燥的或是购买新鲜的再自己动手在日光下干燥。超市贩卖的大品牌辣椒，大部分都是机械干燥的，虽然外观好看，却没有香味。栽种辣椒容易，也可以选择自家栽种辣椒再在日光下干燥（但是因为土壤的差异，即便种植意大利品种的辣椒，也和产地的味道有所不同）。

不管怎样，只要试用过在日光下干燥的辣椒，你应该就会觉得大品牌的辣椒根本不够味。

最棒的酱汁

接下来就来介绍我自认的最棒酱汁的做法。我是以一人食用的份量为前提，若要做给两个人吃的话，把使用量加倍就可以了。

首先，准备西班牙产的大蒜 8 克。切掉头部较硬的部分，里面的芽很容易烧焦，请用竹签剔除。

将大蒜切成 5 毫米的厚度，和 20 毫升太白胡麻油一起放进平底锅内，以较弱的中火加热。当大蒜稍微变色后关火，持续用筷子翻面，利用余热使表面呈现均匀的金黄色。

　　当焦香味充满房间，接着就可以放入辣椒了。也就是关火一会儿后，等大蒜周围的气泡逐渐变小，再放入辣椒。

　　4—5 厘米长的鹰爪辣椒，平均一人半条，去掉辣椒籽增进口感。另外，若是使用长度不到 2 厘米的卡拉布里亚产的小型辣椒，一人使用一条为佳，无须取出辣椒籽直接放入锅中。

　　大蒜在锅内滚动并上下翻面，使油均匀包裹。确认温度降到不会使辣椒烧焦后，直接放入。余热就足以使辣椒的成分转移到油中（图 6.1）。

图 6.1　当大蒜周围的气泡逐渐变小，放入辣椒，利用余热来引出辣椒的成分

　　也有人选择将大蒜、辣椒和常温油一起放进锅内再加热。这样的话，在辣椒烧焦之前，必须先暂时取出锅。当大蒜稍微

变色后，将平底锅移开火炉，等待降温，再放入辣椒。手续较多而且整个作业不流畅，所以我不采用这个方法。

然后，保持这个状态到意大利面起锅。

经常听别人说"面条起锅的时间要和酱汁完成的时间吻合"，但这不是简单的事情。为了使大蒜带有漂亮的金黄色，而且不使辣椒烧焦，请专心于酱汁的制作。

也就是说，我采取的战略是在放入辣椒之前，先进行一部分酱汁的制作，接着才开始煮面条。否则面条煮好，酱汁却还未完成，面条会泡烂。酱汁先完成就不会有这样的困扰。

第七章

不要摇动平底锅

专业铝合金平底锅

我们找到了最棒的面条煮法，也知道了最棒的酱汁做法，剩下的就是在平底锅上将两者混合而已。但在开始之前，我想先讨论一下平底锅的问题。

专家或是意大利面的爱好者会选择使用没有氟树脂加工的铝合金锅。这种铝质的平底锅在烹煮意大利面时，总是被拿出来强调，所以很多人才会有"要制作意大利面的酱汁，那当然是铝合金平底锅"的印象。

但是，为什么是铝锅呢？

因为铝的热传导率高，开大火煮马上就能煮滚酱汁。另一方面，铝的蓄热性不高，火转小时，温度下降得相对比较快。也就是说，铝锅比较容易控制火候，不容易煮焦。

另外，因为铝锅的颜色浅，比较容易分辨大蒜的颜色变化。就烹煮蒜辣意大利面来说，铝锅具有非常大的优势。

因为不是处理像蛋、鱼等容易焦掉的食材，所以没有必要使用氟树脂加工的锅。铁锅的热传导率低（约为铝的三分之一）、蓄热性高，火候不易调节，小火也很有可能煮过头。

因为这些理由——耐用、质轻、易控制、价格便宜，热传导率和蓄热力较高，即便粗暴使用而稍微伤及锅也无大碍——厚釜铝合金平底锅，是个最佳选择。

专业的铝合金平底锅绝对会让你爱不释手。虽然锅柄没有隔热机能，无法直接徒手拿取，但它那爽快的顺畅感令人难以割舍。不只是温度管理容易，柄手、锅侧面的角度也使料理作业更为轻松，容易搅拌意大利面。

直径 24 厘米的锅适合制作一人食用的意大利面。若要制作两人吃的，24 厘米的勉强还可以，但 27 厘米的锅比较方便拌匀酱汁，只是重量较重，相对不容易使用。

乳化机制

酱汁的制作上，"乳化"被认为是很重要的一环。在酱汁中加入些许意大利面的水煮液（煮意大利面的水，也可称为面汤），激烈地摇晃平底锅，混合成混浊的液体。这样做能够减少油的黏稠感，使意大利面更为顺滑。

所谓的乳化是油和水相互融合的现象。对于蒜辣意大利面酱汁，乳化则是摇晃锅以使油变小粒、周围附着"乳化剂"并在水煮液中保持稳定的状态。

乳化剂是指分子带有易溶于水的部分（亲水基）和易溶于油的部分（疏水基）的物质。外侧的是亲水基，能够在水中安定存在；而内侧的是疏水基，能够包围油粒。多亏这样的特性，水和油能够不分离，保持混浊状态。

举例来说，肥皂就是常见的乳化剂，分子内侧和油结合，外侧和水结合。因为带有这样的机能，所以肥皂才能吸附油污，被水冲洗掉。此外，美乃滋也是小粒的油在水中保持稳定的乳化状态，由卵黄的卵磷脂扮演乳化剂的角色。

意大利面的水煮液中，有从面条溶出的水溶性蛋白质和磷脂质的水解卵磷脂（Lysolecithin）等，这些物质皆可作为乳化剂。

那么，实际比较一下"水和油充分混合"的液体和"用意大利面的水煮液和油充分混合"的液体。放置一段时间，观察水和油的混合，前者小块透明的油会浮在表面，整体感觉是澄清的液体；而后者的液体则保持混浊的状态。这就是有无乳化剂的差别。经过试喝，我发现后者好喝，带有顺滑感，不会感到油的黏性。

不必激烈摇晃

在日本，有些人认为"将意大利面的水煮液放入锅中激烈摇晃"的乳化工程，是蒜辣意大利面好吃的必要条件。但真的是这样吗？专业的料理人都采取了这个动作吗？

博纳西西的《新意大利面宝典》中有关蒜辣意大利面的食谱说："拌炒酱汁时，加入意大利面汤仅是一种做法。"

我找到了意大利厨师不加入意大利面汤的食谱，所以也来尝试一下。虽然这样也很好吃，但果然会有油的感觉和黏稠感。相较于意大利人，不喜欢多油的日本人讨厌氧化的油带来黏腻感，追求带来顺滑口感的乳化是理所当然的。

然而，我在调查在日本活跃的名厨的食谱后发现，会选择加入面汤激烈摇晃的厨师竟出人意料的少，16 位中只有 3 位而已。

大多数的厨师都会加入面汤，但不摇晃平底锅，仅放入面条翻拌而已。另外加入面汤还有一个理由，为了防止大蒜和辣椒烧焦，加入面汤可以降低油的温度。

但是，他们没有使酱汁乳化吗？情况却又不是这样。沸腾使酱汁内的水分产生气泡，水滚的过程会促进乳化。还有在平底锅内搅拌面条的过程中，酱汁也在乳化。

实际上，我自己也在搅拌面条时，试着比较摇晃以使其乳化的酱汁和省略摇晃步骤的酱汁，结果外观和味道都没有太大的差别。也就是说，烹煮时没有必要激烈摇晃平底锅。

在酱汁中加水还是加面汤？

在我确认的名厨食谱中，仅有一位师傅不加入意大利面汤，而是加入水。

的确，加水的食谱自有优点，比如说在准备煮面条前就能够完成酱汁。能够冷静下来，专心制作酱汁，我认为这是非常大的优点。酱汁的咸味不是来自面汤，而是来自盐本身，加水也有容易调节味道的优点。

不加面汤而是加水的食谱对我来说是一线希望。"决胜意大利面"为了最大限度地引出面条的弹力，每升的意大利面水煮液要加 30 克盐。将这样的意大利面汤加入酱汁中，整体会变得过咸。若能够用水做出好吃的酱汁，"过咸的问题"就能解决。

但是，我预感不会成功。因为面汤中含有蛋白、水解卵磷脂的乳化剂，而纯水中没有任何乳化剂。这位厨师是利用面条上带有的些许面汤和面条本身溶出的成分，使酱汁溶入些许的乳化剂。然而，我的食谱为了降低过浓的盐分，还细心地用热水冲洗面条，乳化剂几乎都被洗掉了。

尽管知道应该不行，但还是想抓住那一丝希望，所以我以加入面汤和加入水的方式，烹煮两种蒜辣意大利面，确认乳化的程度和味道（图 7.1）。

果不其然，酱汁混浊的程度不同，加水的较为透明。实际试吃，加水的面条不但不滑顺，味道和弹性都有所不足，有种缺少什么的感觉。

图 7.1　加入意大利面汤并乳化的酱汁（左）；仅加入水的酱汁，油和水保持分离（右）

乳化可使味道浓醇

经过这个实验，我深切了解了乳化会使味道产生变化。

豚骨拉面的汤汁浑浊，就是因为脂质和水分乳化的缘故，我们喝汤汁时应该可以感觉到乳化会使汤汁味道变浓醇。在试喝乳化过的酱汁的实验时，我写到"滑顺好吃"，但那并不是只有滑顺而已，油使浓醇的酱汁变得更加美味。

意大利面汤中溶有小麦甘味的成分。在试吃意大利面汤和使油乳化的酱汁时，因为甘味和油的浓醇产生加乘作用，所以酱汁才会变得更加美味。而直接加水的酱汁，油就像没有完全溶解的盐水一样，两者的差距非常大。

直接加水的酱汁真的就不行吗？若是这样，那咸度刚好的意大利面汤要从哪里取得？难道只能稀释面汤吗？但是，我都这么坚持去做决胜蒜辣意大利面了，怎么能对平庸的妥协方案感到满足呢？

那么，要怎么办呢？我左思右想，将浓度10%—15%的意大利面汤倒入制冰器中，再放到冰箱冷冻层里结块备用如何？不行不行。那在另一个锅中用普通盐分浓度的水烹煮面条，再将面汤加到酱汁中如何？但多煮的面条怎么办？之后再悄悄吃掉？而且厨房的炉灶不够，作业过程混乱不美观，而且还会增加碗盘的清洗成本……我持续这样自问自答。

加水的酱汁做成的蒜辣意大利面也十分好吃，不如就这样也好。原本打算要放弃，但在本书截稿日的半夜，我想到了非常简单的方法。

我赶紧尝试后发现这样做的酱汁带有可口的滑稠感，意大利面非常的美味。至此，我终于完成了最棒的蒜辣意大利面食谱。

装面的容器

在介绍食谱之前，我想讨论一下装蒜辣意大利面的容器。在第五章我写到"蒜辣意大利面不能缺少热烫感"，但一般常用来装盛意大利面的器皿很容易使意大利面冷掉。因此，这里我想推荐装谷片的碗或者是丼碗。

　　容器必须先用热水预热。完成蒜辣意大利面时，将碗中热水倒掉，放入意大利面。这样一来，酱汁会聚集到容器底部，上方的面条刚好扮演盖子的角色，让酱汁保温。若中途意大利面冷掉，可从底部搅拌混合，热腾腾的酱汁和面条搅拌在一起，便能长时间享受热烫感。

　　好不容易乳化的酱汁会随着时间分离成水分和油，但食用之前可以搅拌一下，面条、水分和油就又会再次产生滑顺感了。

　　来吧，不要用平常的意大利面器皿，找个适当大小且有深度的容器，让我们来完成蒜辣意大利面的最后步骤。

"决胜蒜辣意大利面" 食谱

　　以下食谱的材料都是以一人份、两口炉为前提。若是三口炉就不需要将煮锅、平底锅从炉灶移开了。

【烹煮意大利面的材料】

　　意大利面条：迪马蒂诺牌 Vermicelli No.5（直径 2.1 毫米）100 克

　　水：自来水 1.5 升

盐：含卤水成分的粗海盐（粟国之盐）45 克

清洗面条的水：自来水 1 升

【酱汁的材料】

炒油：太白胡麻油（九鬼纯正太白胡麻油）20 毫升

大蒜：西班牙大蒜 8 克

辣椒：卡拉布里亚小辣椒 1 个

小麦粉：杜兰小麦粉 1 克

增香油：拉薇达牌特级初榨橄榄油 13 毫升

【做法】

① 将大蒜剥皮，切除顶部较硬部分，用竹签剔除里面的芽，用菜刀切出剖面平滑的 5 毫米厚蒜片。

② 准备煮意大利面条。锅里放入水和盐，盖上锅盖，开大火。

③ 在另一个炉灶上放平底锅，加入太白胡麻油和大蒜片，开中小火。油起泡后，偶尔用料理筷将大蒜翻面。等到大蒜边缘变色，关火并从炉灶上移开。移开后，还是要多次将大蒜翻面，以防余热使部分烧焦。

④ 当大蒜旁的气泡变小，放入辣椒，用料理筷多次翻面，使全体均匀沾上油。然后放入少量小麦粉，充分搅拌（图7.2）。

⑤ 重新拿一只锅装水，放到炉灶上，开大火，待会儿用来清洗面条。请抓好时间点，确保煮好面条时锅内的水已经在沸

腾。若是太早沸腾，可以转成小火来调整时间。

⑥ 待清水沸腾，取出 50 毫升的热水，放入煎好大蒜和辣椒的平底锅中轻微搅拌。

⑦ 待要煮面的锅里沸腾，放入面条，烹煮 10 分钟。再次沸腾则转小火，待面条全部浸入水中，盖上锅盖。若水煮到溢出来，将火转小（图 7.3）。

⑧ 在平底锅的大蒜上淋上小匙煮过面条的水煮液（面汤），增加大蒜的咸味。这样酱汁的准备工作即完成（图 7.4）。

⑨ 在大碗等有深度的容器中，倒入热水预热。

⑩ 10 分钟后，用料理夹将煮面锅里的面条移到煮清水的锅内，清洗面条约 10 秒钟（图 7.5）。

⑪ 将煮面的锅从炉子上移开，放上煸炒大蒜的平底锅，开大火，用料理夹将面条夹入平底锅内，搅拌 30 秒拌匀面条和酱汁（图 7.6）。

⑫ 关火，加入特级初榨橄榄油（图 7.7）。

⑬ 倒掉热水预热过的料理碗中的热水，装入拌匀的意大利面，完成。

步骤 ⑧ 会用意大利面的水煮液，也就是面汤来给大蒜调味的原因是面条太咸而大蒜没有咸味，这样会中和咸味。面条已经够咸，所以酱汁不需要再增加咸味，但可以仅增加大蒜的

图7.2　步骤④。加入少量小麦粉使其乳化，这是决胜食谱的关键。

图7.3　步骤⑦。将面条投入锅中时酱汁几乎完成，是最为理想的情况。

图7.4　步骤⑧。加入意大利面水煮液，也就是面汤，是为了给大蒜调味。请将面汤淋在大蒜上。

图 7.5　步骤⑩。将煮好的面条移至另一只锅中，清洗 10 秒左右，稀释咸味。

图 7.6　步骤⑪。在煮滚的酱汁中，放入面条。不需要使用滤面网，直接用料理夹从锅中夹起即可。

图 7.7　步骤⑫。接着，速度是关键。在平底锅中搅拌，快速使面条沾均酱汁。

书房里的意大利面哲学家

咸味。比起将面汤直接加入，淋在大蒜上面更佳。

　　不用面汤却能使酱汁乳化的秘诀在于步骤 ④ 的小麦粉。在酱汁中加入小麦粉产生乳化成分，变成类似面汤的液体，这样也可以解决乳化剂的问题。因为量不多，所以淀粉产生的黏稠感少，但这样更能使意大利面条和酱汁被均匀搅拌，延续酱汁的热度。

假日的蒜辣意大利面

　　对于"决胜蒜辣意大利面"的完成度，我有绝对的自信，但我想有人会说这实在太麻烦了。所以，现在我来介绍私房食谱的番外篇。

　　星期天，大家可能想来份更为奢华的蒜辣意大利面。但是难得的休息日实在不想这么麻烦，不如说想要随便做做。"假日的蒜辣意大利面"就是为此而存在的。

　　决胜蒜辣意大利面是优先以盐来增加面条的弹性，所以需要多一道工程——用热水清洗，稀释咸味。想要避开这件麻烦事，可以减少盐的用量，放弃面条最佳的口感。那这样不就做不出好吃的意大利面了吗？那可不一定。只需要将享受的方向从口感转换成意大利面的味道就可以。虽然没有正统的那么有刺激性，但还是做得出很棒的蒜辣意大利面的。

假日蒜辣意大利面使用的面条是托斯卡纳产的马特利牌（Martelli）直径 2 毫米的细长状意大利面，这是以"青铜模具搭配低温干燥法"制出的面条。虽然弹性不是最强，但面条本身的味道非常棒，带有纤细的小麦香和强烈而复杂的风味。使用这种食材，你可以做出很棒的意大利面。

为了保留面条本身的味道，烹煮的时候少加一点盐。1 升水加 8 克盐，这是能够直接饮用的盐分浓度。相对地，使用面汤调味酱汁时，要再稍微加一点盐。

用来添增香味的橄榄油，比起追求香味或强烈刺激感，应该更能衬托出面条本身的味道。因此，我选用摩洛哥阿特拉斯牌（Atlas Olive Oils）的特级初榨橄榄油（Terroir de Marrakesh）。

这种橄榄油带有水果的香味，味道非常温和，能够衬托出马特利牌意大利面的味道。将这两种产品（见第 167 页图片）组合在一起，可使蒜辣意大利面满溢着醇香美味，让人误以为使用了上等奶酪。

【烹煮意大利面的材料】

意大利面：马特利牌的细长状意大利面（直径 2 毫米）100 克

水：自来水 1 升

盐：含有卤水成分的粗海盐（粟国之盐）8 克

【酱汁的材料】

　　炒油：太白胡麻油（九鬼纯正太白胡麻油）20 毫升

　　大蒜：西班牙大蒜 8 克

　　辣椒：鹰爪辣椒半条，或是卡拉布里亚小辣椒 1 个

　　盐：含有卤水成分的粗海盐（粟国之盐）2 克

　　增香油：特级初榨橄榄油（阿特拉斯牌的特级初榨橄榄油）13 毫升

【做法】

　　① 将大蒜剥皮，切除顶部较硬部分，用竹签剔除芽，用菜刀切成剖面平滑的 5 毫米厚的蒜片。鹰爪辣椒对半剥开，去除辣椒籽。若是使用卡拉布里亚产的小辣椒，可直接使用整个。

　　② 准备煮意大利面条。在锅内放入水和盐，盖上锅盖，开大火。

　　③ 在平底锅内放入太白胡麻油和大蒜片，开中小火。待油起泡后，偶尔用料理筷将大蒜翻面。当大蒜边缘变色时，关掉火源，之后继续将大蒜翻面数次，以防余热使大蒜烧焦。

　　④ 当大蒜旁的气泡变小时，放入辣椒。用料理筷数次翻面，使全部的辣椒都均匀沾上油。

　　⑤ 等煮面锅中的水沸腾，放入面条，烹煮 11 分钟。再度沸腾后将火转小，待面条全部浸入水中，盖上锅盖。若有水溢出请将火再转小。

　　⑥ 烹煮约 10 分 30 秒，在平底锅内放入面汤 50 毫升和酱

汁用的盐，再次转成大火煮开。

⑦ 在料理碗等有深度的碗中，倒入一些热水（用面汤也可以）预热。

⑧ 再煮30秒，用料理夹将煮好的面条移到煸炒大蒜和辣椒的平底锅中，搅拌30秒左右，和酱汁拌匀。

⑨ 关掉火源，加入特级初榨橄榄油并搅拌。

⑩ 倒掉料理碗中的热水，装入拌匀的意大利面，完成。

速成蒜辣意大利面

若想从本书中寻找最棒的蒜辣意大利面的烹煮方法，我的回答会是决胜蒜辣意大利面、假日蒜辣意大利面这两份食谱。

但是，就这样收尾令人感到有点可惜。在旅行的途中，我发现了许多意料之外的事物，将这些所见所闻活用到意大利面的制作上，即便只能算是副产品，味道略为逊色，但还是应该有能够帮助读者的地方，不是吗？因此，我想再介绍两份食谱。

首先是彻底缩短制作时间的"速成蒜辣意大利面"食谱。只要利用第四章介绍过的混搭方式"减少水量＋从常温水煮起"，制作时间还能够再缩短许多。因为快速为优先条件，所以我推荐选用较细、烹煮时间短的细长状意大利面，而且需将面条折半。因为是从常温水煮起，为了使面条有弹性，我推荐选用"铁氟龙模具搭配高温干燥法"制成的面条。

只有酱汁的制作没有办法缩短时间，做法和假日蒜辣意大利面相同。若不过分讲究味道，盐和油等食材使用手边有的就足够。

【烹煮意大利面的材料】

面条：百味来牌的细长状意大利面（直径 1.4 毫米）100 克

水：自来水 350 毫升

盐：3 克

【酱汁的材料】

炒油：太白胡麻油 20 毫升

大蒜：8 克

辣椒：鹰爪辣椒半条

盐：2 克

增香油：特级初榨橄榄油 13 毫升

【做法】

① 将大蒜剥皮，切除顶部较硬部分，用竹签剔除芽，用菜刀切成剖面平滑的 5 毫米厚的蒜片。将鹰爪辣椒对半剥开，去掉辣椒籽。

② 在平底锅内放入太白胡麻油和大蒜片，开中小火。待油起泡，偶尔以料理筷将大蒜翻面。等大蒜边缘开始变色后关

火，之后继续将大蒜翻面数次，以防余热烧焦大蒜。

③ 等大蒜旁边的气泡变小，放入辣椒，以料理筷翻面数次，使全部都均匀沾上油。

④ 在锅内放入水、盐和对半折的面条，盖上锅盖开大火。等面条稍微变软，用料理夹轻轻搅拌，沸腾后转小火。开火约煮 7 分钟。

⑤ 约经过 6 分 30 秒，将面汤 50 毫升和酱汁调味用的盐放入平底锅，再次开大火煮沸。

⑥ 再经过 30 秒，用滤面网捞起面条（折断的面条用料理夹不好夹），移至平底锅中，在平底锅内搅拌约 30 秒，拌匀酱汁。

⑦ 关火，加入特级初榨橄榄油。用碗装入意大利面，完成。

蒜辣生意大利面食谱

最后要介绍的食谱是在第四章提到的非常好吃的用泡过水的意大利面做成的"蒜辣生意大利面"。这种做法的意大利面口感 Q 弹带劲，有着其他意大利面没有的味道。

这道意大利面总时间需要 1 个小时以上，和速成蒜辣意大利面完全相反，但大部分的时间都在等待意大利面吸水，实际的料理时间比快速蒜辣意大利面还要短，可以轻松地享受生意大利面的风味。

面条可依自己的喜好，以容易购买为原则，其他食材我同样没有限定品牌。

【烹煮意大利面的材料】

面条：100 克

浸泡面条用的水：自来水 250 毫升

烹煮面条用的水：自来水 300 毫升

盐：2.5 克

【酱汁的材料】

炒油：太白胡麻油 20 毫升

大蒜：8 克

辣椒：鹰爪辣椒等半条

盐：2.5 克

增香油：特级初榨橄榄油 13 毫升

【做法】

① 将面条和水放入食品用拉链袋，静置 1 个小时。

② 将大蒜剥皮，切除顶部较硬的部分，用竹签剔除芽，用菜刀切成剖面平滑的 5 毫米厚的蒜片。鹰爪辣椒对半剥开，去除辣椒籽。

③ 在平底锅中放入太白胡麻油和大蒜片，开中小火。待油起泡，偶尔用料理筷翻面。待大蒜边缘开始变色即关火，之

后继续将大蒜翻面数次，以防余热烧焦大蒜。

④ 等大蒜周围的气泡变小，放入辣椒，用料理筷翻面数次，使全部都均匀沾上油。

⑤ 在锅内放入水和盐，盖上锅盖，开大火，待水沸腾，放入静置过的面条，烹煮 3 分 30 秒。用料理夹轻轻搅拌，再次沸腾后转小火。

⑥ 煮 3 分钟后，将面汤 50 毫升和酱汁调味用的盐放入平底锅中，再次开大火煮沸。

⑦ 再煮 30 秒后，用料理夹将煮好的面条移至平底锅中。搅拌约 30 秒，拌匀酱汁。

⑧ 关火，加入特级初榨橄榄油。用碗装入意大利面，完成。

其实，我还想出了"简易蒜辣生意大利面"的食谱。将面条泡水一晚再用水清洗，不烹煮直接放入平底锅中。待平底锅中的大蒜变色后，放入辣椒，接着加入 250 毫升水和 3 克盐。将这个酱汁开大火烹煮，放入面条，约煮 2 分钟。

虽然面条没有嚼劲，但带有弹性。面条中流失的淀粉使得酱汁变黏稠。味道像是长崎什锦面，让人忍不住想放入豆芽和卷心菜。因为吃起来不像"蒜辣意大利面"，所以这本书就不收录这份食谱了，但有兴趣的朋友可以尝试一下。

以上是我最终想出来的食谱。在本书出版后，我仍会继续进行实验，更新食谱。新实验得到的发现以及新的食谱，我会在博客"kitchen Hypothesis"（kitchen.hatenablog.jp）上进行更新。博客上刊载了一部分未收入本书的内容。希望读者可以到这里提供宝贵的意见。

　　另外，本书的完成参考了许多人的研究。虽然因为篇幅而未能介绍，但相关书名、论文名已刊登在网上（saruhachi.net/pasta/）。最后，再次表达我的感谢。

图书在版编目（CIP）数据

书房里的意大利面哲学家 /（日）土屋敦著；
卫宫纮译 . —杭州：浙江大学出版社，2019.7
ISBN 978-7-308-19224-8

I.①书… II.①土… ②卫… III.①面条—食谱—意大利
IV.① TS972.132

中国版本图书馆 CIP 数据核字（2019）第 120538 号

书房里的意大利面哲学家
［日］土屋敦　著　卫宫纮　译

责任编辑	周红聪
文字编辑	张　颐　周红聪
责任校对	徐　瑾
装帧设计	周伟伟
出版发行	浙江大学出版社

（杭州天目山路 148 号 邮政编码 310007）

（网址：http:// www.zjupress.com）

制　　作	北京大有艺彩图文设计有限公司
印　　刷	北京中科印刷有限公司
开　　本	880mm × 1230mm　1/32
印　　张	6.25
字　　数	118 千
版 印 次	2019 年 7 月第 1 版　2019 年 7 月第 1 次印刷
书　　号	ISBN 978-7-308-19224-8
定　　价	43.00 元